Google如何打造世界最棒的團隊？

用最少的人
創造
最大的成果

世界最高のチーム
グーグル流「最少の人数」で
「最大の成果」を生み出す方法

Piotr Feliks Grzywacz
彼優特・菲利克斯・吉瓦奇——著　高詹燦——譯

前言——

就算不是Google也能辦到，打造最棒團隊的方法

「正因為對方是Google，所以才能辦到吧？」

我以經營顧問的身分與日本企業的人事負責人談話時，他皺著眉頭如此說道。

我馬上加以否定。

「你錯了。這其實很簡單。每家公司都辦得到！並不光只有Google，那些展現出成果的日本企業一直都是這麼做，現在也是一樣。」

本書是以「在Google學會如何打造世界最棒的團隊」作為主題，但同時也會說明「就算不是Google也能辦到」。

打造團隊的原理和原則，是世界共通的道理。而最重要的是「員工心

理安全感」。當然，Google也很重視「心理安全感」。我在第一章會詳細提到，Google所實施的亞里斯多德計畫清楚呈現出「心理安全感」的重要性，就此備受全球矚目，因此想必有很多人都已知道這個關鍵字。

所謂心理安全感，是「能一面發揮自己的特性，一面參與團隊」的實際感受。每個人都有「希望大家能認同我是團隊的一員」這種想法，簡單來說，它就是很重視這樣的想法。而且全世界展現出成果的團隊也都是這麼做。

CyberAgent公司的藤田晉先生，是日本極具代表性的創業家之一，他在自己的著作《創業家》中，談到在創業第五年的二〇〇三年當時發生的事。

「我就像與時代潮流逆向而行一樣，打出『以終身雇用為目標』的方針，而我那不知什麼時候會倒閉的公司，因為開始使用這句話，就此在公司裡引發各種意識變化。

（中略）

當時在CyberAgent公司內，因為開始由虧轉盈，開朗的氣氛就此萌生，逐漸重拾原本積極開朗的樣貌。

看來，『以終身雇用為目標』、『獎勵工作年資長的員工』的訊息已深深傳入人心。」

「終身雇用」是否為符合現今時代的政策，此事姑且不談，至少「以終身雇用為目標」的方針提高了員工的心理安全感，這點不難想像。鼓勵「公司內喝酒同歡會」（達成每月目標的部門，會補助喝酒同歡的費用，同時隔天放半天假），聽說也頗有效果。

這麼做的結果，使得支撐 CyberAgent 主幹的理念在公司內深植人心，增進團隊的團結感，這促成了當初這家新創公司日後的大幅成長。

＊＊＊

那麼，要實際提升團隊成員的心理安全感，促成團隊成果，該怎麼做才好呢？之後我會從第一章開始仔細說明。

請看圖表 1。這是世界級的經營思想家蓋瑞・哈默爾（Gary Hamel）所提出的架構，名為「能力金字塔」。哈默爾在他的著作《現在，什麼才重要？決定未來贏家的五大關鍵》中說明如下。

●圖表 1 能力金字塔

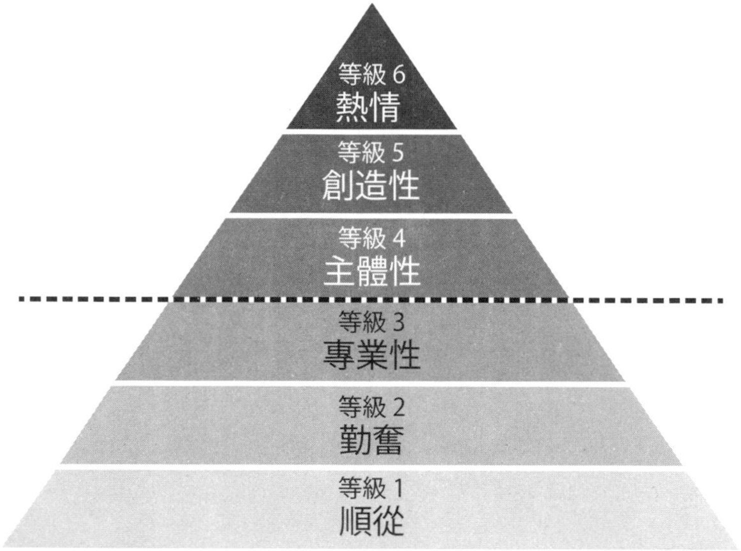

出處：根據《現在，什麼才重要？決定未來贏家的五大關鍵》（蓋瑞．哈默爾著）製作

「企業會不會繁榮，端看能否引出各階層員工的主體性、想像力，以及熱情。而為了這個目的，所有人在精神上與自己的工作、職場、工作使命緊緊串連在一起，這是不可或缺的要素。」

而本書的目標，同樣是讓團隊成員的能力依序照等級４、５、６往上提升。也就是說，藉由提高團隊的「心理安全感」，導引出團隊成員的「主體性、創造性、熱情」。心理安全感低的團隊，頂多只能將成員的能力引導至等級１、２、３的程度，早晚會有衰退現象。

附帶一提，根據Recruit Career就職未來研究所所進行的「想待在這裡工作的組織特徵（二〇一八年）」問卷調查，受訪的大學生有41％期望「公司能透過人事異動和安排，來考量我個人的資歷升遷管道」。可以說有近四成的人將自己的資歷交由公司安排，正因為這樣，上司（主管）引導出新進員工（團隊成員）的主體性、創造性、熱情，也更顯重要。

那麼，我們就從「世界共通的團隊打造規則（第一章）」開始解說吧。

衷心期望本書能帶來啟發，讓各位的團隊可以驕傲的自稱是「全世界最棒」，而且獨一無二。

目錄｜CONTENTS

1 世界共通的團隊打造規則

2 「牢騷」和「爭執」都對團隊有助益

3 提升團隊效率的「優質談話」

4 「一瞬間」就拉大差距的「團隊時間」運用方法

5 以「最少人數」創造「最大成果」的方法

6 能大幅提高生產性的機制建立方法

第一章

世界共通的團隊打造規則

要展現出類拔萃的成果，就少不了具多樣性的「集思」

在美國商業雜誌《財星（Fortune）》每年發表的「百大最佳職場」中，「Google」（持股公司是Alphabet）在這十年間多次獲選（二〇一七年、二〇一六年、二〇一五年、二〇一四年等）第一名。Google究竟哪來的魅力呢？

因為員工餐廳免費嗎？因為有按摩室？因為福利待遇和薪水好嗎？應該不是吧。是因為能以自由的想法盡情發揮個人能力嗎？說到Google，或許很多人會有這樣的印象。

但我身為Google亞太平洋地區人才培育首席，參與「Global Learning Strategy」（全球人才培育策略）的製作，長期在全球的人事領域中工作，我所得到的實際感受卻不是如此。

我認為 Google 最大的魅力，其實是「重視團隊」。

在世界商業的最前線，人們對「打造團隊」這件事已展開重新評估。這是為什麼呢？

因為要在現今變動激烈的商業環境中展現出類拔萃的成果，富多樣性的「集思」絕不可少。

仔細想想，這也是理所當然的事。一個人的能耐終究有限。三個人做勝過兩個人，四個人做比三個人強，人多就有可能做出更好的東西。而且集思不能單純以加法來看待。它得用乘法來看，也就是呈指數函數圖形增加。

為了產生意想不到的相乘效果，會以團隊來思考行動。當然了，整合整個團隊的主管所扮演的角色變得益發重要。這點 Google 也不例外。

如果是優秀的團隊，就不需要主管？

明明聚集了如此優秀的人才，卻還要主管？需要團隊合作？光個人表現就足夠了吧？應該有不少人會像這樣，覺得有哪裡怪吧。

事實上，以前Google裡頭也有人是這麼認為。這位急先鋒不是別人，正是創業者賴利・佩吉（Larry Page）和謝爾蓋・布林（Sergey Mikhaylovich Brin）。他們說過：

「團隊裡不需要主管吧？因為團隊成員個個都是史丹佛這類的頂尖大學畢業，聰明過人，價值觀也都很正確，就算沒有主管，也能自己處理好一切吧？主管這個角色只會增加成本，根本不需要！」

聽聞此言的人事部門大為震驚。

「錯錯錯。主管有其功能，他們負責支撐整個團隊！」

「哦～你說這話的科學根據是什麼？」

凡事都找尋可靠的科學根據，往下降到最基本的等級，這是Google的「文化」。

他們是工程技術公司，而且擁有博士學位的員工比例，比NASA（美國國家航空暨太空總署）還高，在企業界裡也堪稱是世界第一。會造就出這樣的文化，說起來也是理所當然。不知道是該說他們都有學者脾氣，還是他們幾乎都是學者，他們在知識上的好奇心相當強烈，所以講究毅力的論點對他們完全行不通。在討論事情時，開口閉口就是「那麼你的科學根據是什麼」。

就這樣，在二〇〇九年針對主管的功能和工作舉辦了一場一萬人規模的公司內部調查，這就是「氧氣計畫（Project Oxygen）」。

主管的言行與團隊的效率關係最為密切

說句理所當然的話，就連Google裡面也有成果卓越的團隊，以及成果不佳的團隊。

明明成員都一樣優秀，但為何會有如此差異？舉例來說，同一個人在這個團隊裡展現了成果，但加入另一個團隊後，就馬上展現不出成果，這也是很常有的事。為什麼會這樣呢？認為主管扮演了重要角色的人事部門，他們提出假設性說法，指稱原因就出在整合整個團隊的主管身上。

在調查的初期階段，得知一切就如同人事部門提出的假設，與成員的效率關係最密切的，正是主管的言行。

「原來如此。那就拿出可以用在主管的培育和錄用上的科學根據吧！」賴利・佩吉和謝爾蓋・布林提出這個要求（一旦查明科學根據，就很乾脆的捨棄自己的預測和偏見，馬上改變方針，這點很了不起）。於是便對「展現成果的團隊主管都做了什麼」展開進一步的調查分析。

優秀的主管有八個特徵

透過氧氣計畫的調查分析，證實「提高團隊效率的主管特性」有以下八點：

①是好指導員。
②讓團隊充滿幹勁，不做微觀管理（對團隊成員過度監督、干涉）。
③很關心團隊成員是否過得健康，是否展現成果。
④重生產性，秉持成果主義。
⑤是團隊裡的聆聽者，能熱絡的與成員溝通。
⑥協助團隊成員的職涯規劃。
⑦擁有對團隊有明確助益的願景和策略。
⑧具有足夠的專業技術知識，以提供團隊成員建議。

最重要的是「當個好指導者」

①～⑧當中最重要的，就屬「是個好指導員」。能指導成員，是當一位好主管的基礎，也是必要條件。反過來說，無法指導成員的主管，就算具備了②～⑧的條件，終究還是無法提升團隊的效率。

所謂的指導，並非就只是嘴巴說「你去做這個」，下達指示和命令。

而是要與成員對話，例如說「最近情況怎樣？今天想利用一點時間和你好好聊聊。我們兩人一起來整理一下，看哪些事進行得很順利，哪些事還得再多加把勁」。

「原來如此，目前進行得很順利的，是這件事對吧。幹得挺好的嘛。那麼，我們來深入思考一下，這件事能順利推展的原因是什麼。為什麼會這麼順利呢？」

透過像這樣的提問和回答，讓當事人對自己所做的工作有更進一步的自我認識，這正是指導的目的。進行指導時的基本提問，有「ＧＲＯＷ」，這是大家所熟知的。

● **G（Goal，目標）**……「你期望的事／目標是什麼什麼？」「對什麼感興趣？」「怎樣可算得上是成功？」「這對你來說，有多重要？」

● **R（Reality，現實）**……「現在進展多少？」「你的同事如何看待目前的狀況？」「面臨怎樣的阻礙？」「現在要是能得到什麼資源，就有可能達成目標？」

● **O（Option，行動計畫）**……「如果你現在面對的阻礙沒有了，你會如何行動？」「你最信賴、尊敬的人，要是面對同樣的狀況，會如何行動？」「如果接下來要鍛鍊達成目標所需的技能，你會先做什麼？」

● **W（Will，意願）**……「（從今天起）要怎麼做？」「如果用1到10來說，你保證會達到什麼樣的水準？」「要從什麼時候開始？」「該跨越的障壁是什麼？如何跨越？」

說到指導，往往會想成是對個人，但是對團隊當然也可以。

在成員全員集合時，要向他們提問。例如「我們團隊哪裡強？哪裡弱？」「這個團隊的目標達成度有多少？今後希望團隊怎樣？」從這樣的提問展開的成員對談中，可以加深團隊的「自我認識」。當然，這種團隊等級的指導，是因為有一對一的個人等級指導，才得以成立。

不用說也知道，指導是「打造團隊」所不可或缺的核心主題。本書接下來只要一有機會，就會反覆提及指導的重要性。

公司裡的團隊，就像體育隊伍

話說，Google針對團隊展開的調查分析，並非只有氧氣計畫。他們還在二〇一二年為了查明「生產性高的團隊具有的特性」，而著手展開「亞里斯多德計畫」。

調查對象是負責工程的一百一十五個團隊和負責銷售的六十五個團隊。**以生產性高的團隊和生產性低的團隊做比較，從中多方展開調查分析，看這當中有什麼樣的差異。**

例如對團隊成員進行性格測驗、包含男女比例在內，調查其多樣性、向團隊領導人訪談。

此外，也對群體動力學（限定成員行動特性的各種法則和因素）、技能組合（成員的知識和技術）、情緒商數（Emotional Inteligence＝EI），展開調查分析。

因此對成員們問了各種問題。諸如「當你不贊成時，團隊裡的氣氛能讓你說出反對意見嗎」「遇到瓶頸時，能夠跨越嗎」「你是否為值得信賴的員工」「你對別人感興趣嗎」。

要如何評價團隊的生產性？

透過亞里斯多德計畫而清楚明白，想要提高團隊的生產性，需要的是什麼。在介紹其結果之前，我先針對「團隊」和「生產性」這兩個名詞，以我自己的方式簡單的歸納其定義。

當說到工作上的團隊時，大家會產生何種印象呢？這當中或許有人會認為就像一家人一樣。**我則是認為，公司的團隊與體育隊伍很相似。**

說到家人，舉個例子來說，就算孩子蹺課沒上學，母親也還是會愛自己的孩子。但體育隊伍不一樣。他們不需要會偷懶不參加練習和比賽的人，也不需要因骨折而無法比賽的人。公司的團隊也一樣。工作偷懶的人、工作能力不行的人，一概不需要。就這層意涵來說，公司的團隊與體育隊伍很相似。

若是照Google的定義，所謂的團隊，並不單只是一起工作的集團，而是有目的、有策略，且長期一起行動的集團。是一起計畫，一起解決問題，並定期回顧自己工作加以反省的集團。比起家人，更像是個體育隊伍。

關於「團隊的生產性」是如何被評價，我們在此簡單的做個歸納吧。

在Google裡，常用的用語是有效性（effectiveness），而不是生產性，不過簡言之，兩者一樣是成果。

提到「成果」時，前提始終都是「從經營的頂極水準來看的評價」。如果是團隊的主管，則往往會忘了這樣的觀點。

沒意識到經營者是如何評價自己，腦子裡只在乎自己下一個會提升的等級，也就是只想著直屬上司對自己的評價，像這樣的人出奇得多。

「我的上司是怎麼看這個團隊？」不該老想著這個問題，而只在個人的水準裡努力，必須和上司一起思考「高層是如何評價我們的團隊？」，這樣才對。

簡言之，要評價團隊的生產性，全看這個團隊是否能展現出經營高層要求的成果。

舉個簡單易懂的指標為例，如果是銷售效率的話，是否能達成每個季度的營業額目標金額和數量呢？

一個好的團隊，「心理安全感」絕不能少

接下來介紹「生產性高的團隊特性」。有以下五點：

①團隊的「心理安全感」（Psychological Safety）高
②對團隊的「信賴感」（Dependability）高
③團隊的「結構」（structure）很「明確」（Clarity）
④從團隊的工作中看出「意義」（Meaning）
⑤認為團隊的工作會對社會帶來「影響」（Impact）

這五點對「打造團隊」來說，是最基本的重點，這就是亞里斯多德計畫所下的結論。

②的「信賴感」和③的「結構明確」，或許有點難懂。這裡所謂的信賴感，意思是相信「這個團隊會在規定的時間內展現出色的成果」。而結構明確，意思是清楚決定好角色分擔，應該前進的目標以及用來達成目標的計畫明確。

這五個當中，最重要的是①「心理安全感」。

如果是心理安全感高的團隊，就能「自我認識、自我揭露、自我表現」

所謂的心理安全感，說得極端一點，就是「**每位成員都感到安心，能以自己的作風在團隊裡工作**」。**以自己的作風工作，也就是「自我認識、自我揭露、自我表現」**。簡言之，「感到安心，什麼話都敢說的團隊」，就是心理安全感高的團隊。這是②～⑤的基礎。

反過來說，如果成員從團隊中感受不到心理安全感，就無法信任團隊，不管目標、計畫、角色再明確，也無法從工作中看出意義，更無法思考其社會性影響。

在團隊中如果無法以自己的作風工作，就無法獲得其他成員的倚賴，自己也無法倚賴其他成員。也就是無法構築信賴關係。

舉例來說，就算完成了角色分配，交代「你負責這個，我負責這個」，對方跟你說「我明白了，我會負責這項工作」，但他還是不信任你，所以像「那傢伙該不會暗地裡主導著一切吧？」「他該不會想背叛我們吧？」這樣的妄想，以及附加的奇怪心理，無論如何都會產生影響。這樣的成員聚集在一起的團隊，生產性當然高不到哪裡去。

另一方面，**如果團隊有心理安全感，就能信任成員，多一分尊重。**而在這樣的過程中，誰該在什麼時間之前做什麼工作，像這類的計畫和角色分配也會逐漸變得明確。當工作的意義逐漸浮現，彼此心裡有「我們大家一起展現更好的成果吧」「來幹件大事吧」「做一件有意義的事吧」的念頭，認真投入工作的話，就會對世界帶來好的影響。結果就能打造出一支「生產性高的團隊」。

之前我們從氧氣計畫中得知「提高團隊效率的主管」所具有的八種特

性，並已做過介紹。而擁有這種特性的優秀主管，簡單來說，就像亞里斯多德計畫所示，是懂得提高團隊心理安全感的人。

換句話說，我們從這兩個計畫中清楚明白，**打造一個讓每位成員都能安心的以自己的作風工作的場所，一個能自我認識、自我揭露、自我表現的場所，這就是主管最重要的職務。**

世界共通的打造團隊規則

Google與全公司員工分享這個統計調查結果。而根據這結果展開的人才培育計畫，也正在全球推動。**「因為我們是日本，需要這個」「因為我們是美國，不需要這個」，完全沒有這樣的選擇取捨，也沒有像「因為是大團隊，所以辦得到」「因為是小團隊，所以辦不到」這樣的偏見。**

其實我也曾在日本、印度、澳洲、中國等國擔任過主管研習的講師，而在講師用的教材中，就加入了氧氣計畫和亞里斯多德計畫的內容。除了告訴學員「要以情緒商數來建立心理安全感」、「要擁有empathy（同理心）和compassion（憐憫心）」之外，在大約為期兩天的時間裡，我也教各國的主管如何教導成員「成長思考」（在第四章會詳述）的指導法、反饋的做法、團隊決策的做法等等。

經統計學導引出的計畫，是全世界所有公司員工（當然了，也包含賴利・佩吉和謝爾蓋・布林在內）所不可或缺的，必須坦然遵從。我認為**這樣的文化，或許也是 Google 能成功的關鍵之一**。

不論是技術團隊、營業團隊，還是會計團隊，都是同樣的規則

不光只有主管研習。**Google 有各種用來提高團隊心理安全感的機制。**例如「一對一（one on one）」。主管一週一定會花一小時的時間與成員一對一對談，加以指導。當然了，以這套機制來說，沒做好一對一的主管，不管團隊的成果再好，評價一樣會下降。這套評價規則當然是全球共通。而不論是技術團隊、營業團隊，還是會計團隊，全都一樣。

我在「前言」便已提過，如果告訴日本企業的人事負責人這件事，他們都會說「因為他們是 Google，所以才辦得到」。

不過，心理安全感這件事，如果能摘下直覺的有色眼鏡來思考，就會明白它是很理所當然的事。絕不單單只是「因為他們是 Google」。

「我們的團隊很快樂。成員都是好人。懂得尊重和信任。如果我倒下，大家一定都會來救我。主管也很有魅力。他讓我想了很多事，並多方照顧我，培育我。工作上有明確的目標和計畫，只要我用自己的方式去做，就能得到很好的評價，也能領到獎金。我們還有很遠大的目標。」

不管是在何種公司上班，如果處在這種心理安全感高的團隊中，應該會很樂在工作才對。

日本有「喝酒交流」這種說法。在居酒屋裡常會看到員工們開心的聊天，在我看來，這是相互提高彼此心理安全感的行為。總之，就是掏心挖肺的聊。「你想做什麼？」「想要什麼？」從這一類和「人生」有關的觀點來提問，逐漸增加有價值觀基礎的對話，這點很重要。

為了謹慎起見，我先聲明一點，如果討厭對方，就不必刻意邀對方一起喝酒。尤其是最近年輕人似乎對喝酒交流負評不斷。順帶一提，我很喜歡喝酒續攤。

奇異和Mercari也都是以追求「心理安全感高的公司」為目標

Google以外的公司，為了有助於打造一個提高心理安全感的團隊，也都採取各種全新的人事相關安排。

例如奇異公司（General Electric Company，簡稱GE）便是。他們自九〇年代起開發出的人事制度，號稱具有劃時代意義，許多日本企業都以他們當範本。當中最有名的，就屬人才評鑑工具「人才九宮格」了。這是用來為員工排順位的向量，將「業績達成度」軸分成三階段，「價值觀實踐度」軸分成三階段，構成九宮格，在這個向量座標內進行評鑑。右上是評價最高的「BEST」。

現在奇異已全部停止進行這種評鑑制度。因為員工太在意評鑑結果，會降低心理安全感。

簡單來說，不是因為受公司評鑑才工作，而是每位員工透過彼此的「反饋」自動自發的工作，這種具有高度心理安全感的公司，才是追求的目標。就這個意涵來看，我們可以說，與持續保有嚴格評鑑制度的Google相比，奇異公司是個特別平面的公司。

經營網路二手交易平台「Mercari」的Mercari公司，也很重視心理安全感。我因為曾經幫忙該公司推展活動，而出席他們的團隊反省會，他們每位成員表現得都很率真、積極，令人印象深刻。

「這點做得不順利」、「這點辦得很好」，每個人都將失敗和成功全部攤在桌面上來談，「那麼，下次改這麼做」、「我們一起來設計一套機制吧」，像這樣的對話不斷你來我往。

在進行這樣的回顧反省時，很常出現「為什麼你不幫我這麼做？」「對不起」等負面的對話。Mercari的反省方式則完全不一樣，他們會大家一起思考「為什麼無法辦到呢？」，最後是像「啊，要是有這種機制的話，不就行了嗎！」，以正向的對話收尾。

哪個才是心理安全感高的團隊呢？答案顯而易見。

Mercari 很重視**「Go Bold（大膽去做）」**、**「All for One（一切全為了成功）」**、**「Be Professional（重視專業）」**這三個價值觀，以性善說當組織營運的前提。換句話說，如果是由擁有同樣價值觀的成員們自己思考決定的事，那就要相信彼此，這樣的決定肯定都是以成功為目標。正因為這樣，就算結果失敗，日後回頭看，還是能積極正向的面對。

第二章

「牢騷」和「爭執」都對團隊有助益

以價值觀為基礎的對話，能提高心理安全感

我常跟人說一個小插曲。某家日本大企業的一位管理幹部，在一場酒局中這麼說道：

「我對自己的上司絕不說真話。」

原本以為日本人從以前就無法對上司說真話，這樣的傾向很強烈，但這個例子不是「無法說」，而是「不肯說」。如此固執的說法，令我頗感驚訝，所以我用自己的臉書做了一個簡單的問卷調查。結果二百五十個人當中，平均四人就有一人回答「不該跟上司說真話」，平均三人就有一人回答「我沒對上司說真話」。

如果認為「上司很危險」，便不會有足夠的心理安全感。該如何擺脫這樣的想法呢？

在Google裡，主管會擔任主持人，常舉行「人生之旅」會議。

這是要成員在A3紙上盡可能具體寫下自己過去走過怎樣的人生，好讓人了解當事人在人生轉捩點上的「①行動、②意圖、③感受到的情感」。格式自由（參照圖表2）。寫完後，以四分鐘的時間請大家說明，人生中經歷了怎樣的轉捩點，如何造就現在的自己。根據這些說明展開討論。

「哦~我都不知道呢」「你的人生真有趣」「你吃了不少苦呢」到時會形成這樣的對話，但這並不是所謂的事實（fact）基礎，而是「價值觀基礎」「信念基礎」的對話。為了提高心理安全感而有這樣的對話，也就是相互說出「真心話」（包含牢騷），這點非常重要。

不管是怎樣的人，都要在心裡想「眼前的人是好人」

其實在加入Google前，我當了約三年的諮詢義工。

●圖表 2 人生之旅(記述範例)

格式自由。為了讓人清楚了解自己在人生轉捩點上的「①行動、②意圖、③感受到的情感」，要盡可能具體寫下。

我以電話聽過數百人的故事。當真是什麼樣的人都有，有人很情緒化，有人想傷害某人，有人情緒低落，想要自殺。不過，他們想在做某件事之前找人談談，所以才打電話來。

要接受諮詢必須具備「無條件積極關注（Unconditional positive regard）」這種重要的想法。意思是採取積極的態度，無條件的認同對方。這是接受諮詢的大前提。

諮詢師的角色說得極端一點，會和罪犯說話，和精神病患說話，也會和想法支離破碎的人說話。但不管對方是怎樣的人，都要在心裡想「眼前的人是好人」，這樣才堪稱是諮詢師。

不問對方過去做過什麼，現在在做什麼，今後打算做什麼，得先認同對方是個正常人。這就是解救一條人命的起跑線。

當 Google 以亞里斯多德計畫強調心理安全感時，我感覺到和「無條件積極關係」一樣的感受。**如果不先將眼前的成員當成一般人來認同，便無法提高團隊的心理安全感。對於擔任過諮詢師的我來說，這是很理所當然的事。**

整理出用來展現成果的前提

我以一個月一次的頻率舉辦以創造未來為目標，規模達數十人的商業講座（未來座談會＝MIRAI FORUM）。或許聽起像在炫耀，但最近粉絲越來越多，回流的人也逐漸增多。會場在東京，但也有人專程從關西或九州趕來。

我問他們「為什麼要來參加講座？」，有不少人回答「那是因為彼哥（和我熟識的人都會這麼稱呼我）你很關心我」。可能是我常留意的「無條件積極關注」，透過他們和我的對話，傳到了他們心中。我非常高興。

主管透過與成員間的對話，使團隊合力展現出成果的方法相當多，諸如指導、引導（Facilitation，在會議中，為了讓團體活動能順利進行，站在中立的立場加以支援，在拙作《在Google、摩根史坦利學到日本人所不知道的會議鐵則》中有詳細的說明）等等。

不過，**在使用這種方法之前，要先將每位成員當作一般人，給予認同，**

這點很重要。如果沒能做到這點，則不管在一對一的場合下問再好的問題，成員也絕不會敞開心胸。所謂的認同，簡單來說，就是讓對方覺得「你是真心在看著我」。

總而言之，如果主管不能真心對待自己的成員，則不管做再多的指導或引導，都無法展現成果。

「一對一」開會，是成員專屬的時間

事實上，主管必須擔任諮詢師的場合相當多。

在Google裡，一對一不是主管專屬的時間，而是成員的時間。換句話說，基本上要時常請成員說出他們想說的話。話雖如此，主要的話題自然還是會談到工作議題（行動計畫）。不過，令人比較感興趣的是，越是能展現成果的主管，越會在一對一的時候討論私人的話題。

當人們為私人的問題苦惱時，工作效率便會降低，這是常有的事。例如像朋友關係或夫妻關係不順遂，或是罹患疾病，便是如此。不過，要是信不過對方，就很難坦白說出自己是因為有這樣的苦惱，才導致工作不順利。

換句話說，能對主管說出私人的問題，就表示成員的心理安全感相當高。正因為這樣，團隊才能展現好成果。

我在 Google 時代，澳洲辦公室也有我的團隊成員。她是黎巴嫩和愛爾蘭的混血兒，是位很優秀的女性。她和我一對一對談時，曾在視訊會議中這樣說道：

「彼哥，今天對你有點抱歉。本來應該要討論議題的，但我有些私人的問題想和你聊聊，你能給我點意見嗎？」

「當然可以！現在是妳的專屬時間，就說出妳想說的話吧。」

她的孩子患有亞斯伯格症，她都和先生一起照顧這個孩子，她對未來感到擔憂。

不光孩子的事，先生的事也很令她擔心，所以偶爾會想向第三人訴說心事。有時聊著聊著，就哭了起來。

「彼哥，謝謝你。說出來舒服多了，工作上的事我會加油的。」

一對一對談，像這樣就對了。甚至應該說，對主管而言，這就是專門用來聽成員吐露心事的時間。**絕不是為了管理工作才一起討論**。

後來她辭去 Google 的工作，在澳洲自行創業，現在我們仍是好朋友。偶爾還是會聯絡我，跟我說「我需要你的指導」，我則會跟她說「我沒太多時間哦，三十分鐘夠嗎？那妳說吧」，至今我仍扮演主管的角色。

私人問題的諮詢，就算只是聽對方說，那也就夠了

不過，也有人認為「對方找我做私人問題的諮詢，那可傷腦筋呢」，或是「我不知道該怎麼回應」。

對於這樣的困惑，我的回答是「私人問題的諮詢，就算只是聽對方說，那也就夠了」。就只是向人說出心中的煩惱，心情就變得輕鬆許多，應該大家都有過這樣的經驗才對。

身為主管，真正要面對的問題是團隊成員因擔心私人問題，而無法專注在工作上。主管沒必要為了解決成員私人的煩惱，而太過拚命。

當然了，面對私人問題的諮詢，如果能幫忙解決其煩惱，自然是最好，但如果為了提供解答，而對私事涉入太深，也會衍生一些弊害。如果覺得是自己應付不來的問題，不妨建議對方找專家諮詢。

另外，**不光只是聽，在下次一對一對談時，向對方問一句「後來情況怎樣？」加以關心，這點也很重要**。以真誠的態度聆聽對方的煩惱，這能促成與成員間的信賴關係。

我有位朋友告訴我這麼一件小插曲。

在她即將到國外出差的某一天，因為未婚夫劈腿而解除婚約，心情低落。當初她說服自己「工作比較重要」，一直沒找上司談，但眼見出差在即，卻心煩意亂，再也無法承受，於是她最後拿定主意，找女性上司商量道「我最近發生了一件很難過的事」。那位上司在聽完她的話之後，對她說：

「以前我有位部下也和妳有同樣的經歷。雖然當時她很難過，苦不堪言，但現在她遇上新的對象，過著幸福的婚姻生活。人生的路不只一條，如果十年後的妳回頭看現在，一定會覺得這根本不是什麼大問題。不過，對方真不是個好東西。好在婚前就認清了這點。」

而最令人欣慰的是之後上司的一句話。她說「妳遇上這麼大的煩心事，還這麼用心的為出差做準備，真是謝謝妳。幫了我一個大忙」。

最後，她對上司的信賴又加深了一層，兩人的關係也比以前更加緊密，工作上就不用說了，和上司聊私事的次數也增加了不少。聽說後來出差一切順利，展現出超乎預期的成果。

一旦發起「牢騷」，就展開對話的傳接球

主管肩負的職務，當然是「打造團隊」，但要扮演好這個角色，有個很重要的關鍵字，那就是**「建設性」**。

舉例來說，打造團隊時需要的是「建設性的用語」，說得簡單明瞭一點，就是「將牢騷當作是需求來回應」的這種對話法。

「我們團隊的成員最近都不聽我說話呢。」

這是常有的牢騷，但很多人都會做以下的回應。

「這樣啊，真是辛苦你了。」

這是左耳進右耳出的模式。而且男女似乎有別。男性大多會想用一句「這樣的話，你就這麼做吧。別再煩惱了」來解決，以結束這個話題。女性則是會用「這樣真的很不舒服呢。小〇，加油」來加以鼓勵。

如果是以建設性的「需求」來回應，就不是像這樣，而是採以下的說話方式。

要像「那麼，〇〇，妳希望成員能多多聽妳說話對吧？」或是「如果能讓人聽妳說，情況就不一樣對吧？」這樣，將對方的負面發言改換成正向的表現方式，來反問對方。

可藉由這麼做，而往下一個動作邁進（以這個例子來說，就是「要讓人聽你說話，該怎麼做才好呢」）。

舉例來說，如果是像「最近常加班，覺得好累」這樣的牢騷，那就回問「這麼說來，你想休息一下對吧」。因為他本人確實想休息，所以會回覆「說得也是，為了減少加班，得想想辦法才行……」，而自行思考自己的下一個動作。

這個時候希望各位注意，請不要採用責備或逼問的說話方式。請留意用緩慢而開朗的聲音來說。如果有人不斷的用很快的步調跟你說話，會感受到一種咄咄逼人的心理壓迫感，所以絕不能這樣做。等對方說完後，停頓一會兒再開始說，這樣比較恰當。

當對方顯得情緒化時，這些做法顯得尤為重要。之所以會顯得情緒化，表示問題非常重要，請別打斷對方的話，姑且先聽對方說完。聽完後，表現出你的了解，然後再往下一步邁進，說出有建設性的話。

牢騷證明當事人很在意團隊的事

發牢騷的人，其實是很想幫團隊的忙。**因為總是很在意的看著團隊的一切，所以時時心裡想「想要改變、想要改善」**。不過，這個想法卻都化為牢騷表現出來，如此而已。

例如有人每次要做什麼工作時，就會說一句「真麻煩～」，自言自語的發著牢騷，讓周遭人都聽見。這時主管會提出警告「別在眾人面前說這種話！」。這也是常有的事。

其實主管不該這麼做，而是應該要認為**他的牢騷中「含有對改善團隊有助益的訊息」，而對這個「改善團隊的好機會」抱持歡迎態度**。這麼一來，應該就能將牢騷轉變成有建設性的「提議」。

舉個例子，當人們在加班時，有人說了一句「真麻煩～」，發起牢騷時——

「你想早點回家對吧」，你要試著跟對方搭話。對方一定會不悅的回你一句「那當然！」。

「理所當然對吧。明白了。那麼，在下次的團隊會議裡，我們來重新評估大家的加班時間和工作內容，看看哪裡是瓶頸，出了什麼問題，為了減少加班，我們大家一起來討論吧？」

就算是發牢騷的人，面對如此正向的提議，總不會再說一句「真麻煩」了吧？

「嗯，好啊。」

「那麼，那場會議可以由你來主導嗎？我會在一旁支援你！」

「我知道了，我試試看。」

有人會懷疑事情不會這麼順利，但還是請務必一試。事實上，我過去所認識的多位優秀主管，都很明白**「牢騷是機會」**，總會認真傾聽成員們的牢騷。

在我的公司裡，甚至會定期召開「牢騷會議」，請員工們積極的說出心中的牢騷。要是以高壓式的言行來封鎖牢騷，便完全不會明白成員們究竟在想些什麼。

成員們說出牢騷後，請務必要展開對話的傳接球。以帶有建設性的說話方式來多方反問，**持續展開對話，直到牢騷轉變為「那我們一起努力吧」這樣的正向提議。請別忘了，最後要以「謝謝你說出你的想法」這樣的感謝詞當結尾**。這麼一來，發牢騷的人原本負面的心情，應該也會覺得「還好說出來了」，而轉變為正向的心情。

透過對話來增加團隊成員的選項

我辭去Google的工作，以經營顧問的身分獨立創業，經營Pronoia Group與Motify這兩家公司。

從事管理幹部培育及組織開發等顧問工作的Pronoia Group，員工目前五人，另外有四名公司外部成員，以兼職的方式提供支援。而從事人事軟體開發及販售的Motify，員工比較多，約十人左右，不過這兩家都是新創公司，所以不同於一般大企業，員工什麼事都得做。偶爾會當著我的面發牢騷道：「太忙了，我辦不到！」

這時候，一定要花時間展開有建設性的對話。而且要說到雙方一起提出有建設性的結論為止。絕對不會用一句「今天就先說到這兒，下次再聊」，就此草草結束談話。

首先要跟對方說「我明白了，真是辛苦你了。你有什麼不滿，仔細說來聽吧」，好好聽對方發牢騷。接著要說一句「那麼，你馬上能辦到的事是什麼？」，提出能促成對方展開積極行動的提問。

「如果是○○的話，我馬上就能辦到。」

「那麼，就從○○開始著手吧。由你來主導，大家一起做吧。」

得到這樣的結論後，對方會說「真慶幸今天能和你談，謝謝你」，如果大家實際合力工作，氣氛會相當熱絡，當然能比獨自一人處理更快完成。

總結來說，透過對話來增加當事人的選項，這是主管在指導時的重點。

不光只限於牢騷，當成員前來報告自己工作搞砸時也一樣。

「對不起，我搞砸了。」

這時候要是突然厲聲責備「你也太沒用了吧！」，對方只會一再找藉口解釋，提不出展開下個行動的選項。

所以不該這麼做，而是**應該以冷靜的語氣，朝有建設性的方向展開對話，例如：「這樣啊，發生什麼事了呢？」「我明白了。那麼，你有什麼對策呢？」「為了不再發生同樣的錯誤，今後你會採取什麼辦法呢？」**

這麼一來，任誰都會回答道「是我這方面沒做好」，坦然揭露自己的缺失，然後自己思考選項，做出保證「我會這麼做，不讓同樣的錯誤再度發生」。

在指導時，希望各位特別留意的事

在進行指導時，希望各位特別留意的，是時時站在**「性善說」**的立場，與成員對話。其實這可說是根據我個人經驗所提出的看法。

我有兩位哥哥。最近我二哥過世，而更早之前，我大哥便因為酗酒而離開人間。

因為我家位於波蘭的鄉間村落，所以家人當中有人酗酒，自然會引來不好的風評，我因而很討厭大哥。每次他喝醉酒鬧事，我總想讓他戒酒，但完全沒效。儘管大哥挨家人痛罵，但隔天他一樣喝得酩酊大醉，睡倒在路邊。已完全酗酒成癮。

我也不斷說服他戒酒，但過沒多久，我都抱持「你乾脆死掉算了」的態度對待他。後來他真的就這麼死了。

我深感後悔。要是我用不同的方式對待他，多聽他說話，也許他就不會死了。至今這仍是殘留我心底的一個傷疤。

而另一方面，自從我大哥過世後，我與二哥之間的溝通情況起了很大的改變。以前我們感情不睦，幾乎都不說話，但後來我們變得無話不談。

透過這個經驗，我對人的想法就此改變。原本我認為會給周遭人帶來困擾的人，是刻意想給對方惹麻煩，但後來我發現不是這麼回事。

我開始認為，**人們會展開行動，不是出於想給人惹麻煩的負面動機，而是出於正向的意圖**（例如酗酒的行為，好壞姑且不論，這應該也是出於「想要喝酒讓自己冷靜下來」的一種積極的欲望）。他們之所以會給周遭人帶來困擾，單純只是因為用的方法錯了。

簡單來說，過去我秉持的「性惡說」，改成了「性善說」。

預見未來，提供團隊成員喜歡的「流程」

不過，人都有惰性，會犯錯，有時會變得沮喪消極。當有人說「真麻煩」時，其實單純只是想偷懶，這種情況也不少。

站在性善說的立場，能減少多少風險？這就看主管有多大本事了。為了不讓成員有時間偷懶、不出錯、不會變得消極，必須預見未來，提供成員喜歡的「流程」。

舉例來說，不是冷冰冰的命令一句「喏，快做」，而是拿蛋糕慰勞，以開朗的語氣勉勵道「吃個蛋糕，大家一起加油！」。光是這麼做，就是能讓人開心的流程。應該會很自然的造就出「謝謝你，我會加油」這樣的結果。

要站在性善說的立場，一點都不難，**要樂觀的相信，人們會以善意來回應善意。**就只是這麼單純的人生觀。

當然了，不用蛋糕也行。面對發牢騷喊著「真麻煩」的人，與他展開有建設性的對談，例如「那麼，怎麼做才不會覺得麻煩，我們一起想想吧」，這樣也稱得上是展現善意的做法。

能積極展現「自己弱點」的主管才厲害

主管被要求要具備的，是有建設性的話語、態度，以及想法（當然包括了性善說）。打造團隊所不可或缺的心理安全感，也是藉由有建設性的對話一再累積所培育而成。

「而主管本身的心理安全感又是如何呢？」

一路看到這裡，應該也有人會這樣擔心吧。

這也是當然，因為主管的立場說起來就是夾心餅乾。處在經營者與團隊成員中間的位置，在兩者的包夾下展現團隊的成果，這就是主管扮演的角色。

不過，**主管自身的心理安全感，也如同前面所述，會透過與成員間的對話而提高。**

當然了，如果不是處在主管與成員間無話不談的狀態，就稱不上是心理安全感高的團隊。

舉例來說，當主管出錯失敗時，最好對成員說一句「我搞砸了，抱歉」，坦然的報告或是道歉。就算是發牢騷說「我們部長真的很過分」，那也無妨。主管自己積極展現「自己的弱點」，可以對團隊營造出一種什麼都能說的氣氛。

而向來不示弱的主管，最常有的模式就是只留下一句「這份工作在明天之前趕出來！」，自己快步離開公司。

而留下來的成員一定會私下抱怨。

「又把工作丟給別人。他為什麼老是外出啊？他真的有在工作嗎？」

而能夠展現自己弱點的主管就不同了。不會這麼簡單的一句話帶過。

「我真的很頭疼，有件事想拜託你幫忙。是這樣的，目前展開一項新的計畫，今後要靠 A 公司多方關照。雖然還沒正式向大家報告，不過預定會是個大企劃案。明天就要召開企劃會議了，但我今天一直都要在外面與人接洽討論，無法準備企劃書。真的很抱歉，就算只是簡單的企劃書也無妨，希望你能幫我製作。這得加班才行，所以對你很抱歉，但可以請你幫這個忙嗎？下次我請你吃飯。」

你想和哪一種主管一起工作？顯然會選擇後者對吧。如果彼此的心理安全感不高，這種委託方式當然無法成立。

瞧不起對方的領導人，成功無法長久

我見過許多**優秀的主管，他們的共通點是「放低身段」**。這也是經營者的共通點，所以這可說是組織的優秀領導人共通的特徵。而且我深深覺得，這種特質不分中外，全世界共通。

另一方面，總是一副不可一世的模樣，瞧不起人的傲慢領導人，儘管能獲得暫時的成功，但絕對無法長久。很快就走下坡的主管或經營者，我也見過不少。

放低身段，也就是保持謙虛，這是領導能力的基礎。

對任何人都很溫柔，放低身段，態度謙虛，這樣的領導人絕不會被周遭的人們忽視。自然會產生想幫助他的念頭，所以由這種人領導的團隊或公司都會展現成果。

當然了，有時候主管應該對團隊成員說些嚴厲的話。但因為平時總是親切待人，所以一旦說起嚴肅的話來，對方都會坦然聆聽。

為了謹慎起見，在此提醒一句，我所說的嚴厲，是像「希望對方更進一步提高身為商務人士的技能」這種高水準的要求，而不是一一列舉作業層級的瑣事來提醒或管理。

請試著想起我在「前言」介紹的蓋瑞・哈默爾所提出的「能力金字塔」。前者是將成員提升至等級四以上的嚴厲，後者則是將成員留在等級一或二的嚴厲。

無法與成員成為夥伴的領導人特徵

有位擔任助理的女性不時會對我大吼：「開什麼玩笑！」

她負責管理我的行程，輔助會計和勞務管理等工作。

其實我最近行程排得很滿。除了原本的經營顧問工作外，對參與一家開發販售人事軟體的公司（Motify）經營。除此之外，還擔任新創公司的顧問。媒體採訪、出書，以及講座討論會的邀約也不少。當中也有人找我商量，說要設立中學，希望我去幫忙。既然人家專程邀約，拒絕這樣的機會不是很可惜嗎？我往往全都攬下，所以行程安排成了很繁雜的工作。

因此我的助理忙得不可開交。我必須撥時間給經營顧問方面的顧客，但我又另外加進許多旁支的新案件。

「就幫我重新安排一下行程嘛。看哪個優先順位高，急著要辦。只要再仔細想想，應該能自行重排行程吧？請更有效的管理我吧。」

我總是這樣向她拜託，但最後她終於忍不住爆發了，所以才會大吼「開什麼玩笑！」。地點在東京澀谷一家高級飯店裡的咖啡廳一隅。當時連同她這位助理在內，有三名工作人員在那裡和我討論。那天是她的生日隔天。

前一天生日當天，我才對她說過「來幫妳辦一場慶生會吧」，但她個性比較低調，只回了一句「不用了」，拒絕了我的建議。但我心想，要是有人送她蛋糕，她一定很高興。

所以隔天我和其他工作人員討論後，邀她到飯店的咖啡廳去，並事先為她訂了一份附蛋糕的下午茶套餐。

說來時機也真湊巧（不巧？），就在她大喊「開什麼玩笑！」的那件事結束後，服務生端來了驚喜蛋糕。大家一起高聲祝她「生日快樂！」。

她腦中一定滿是問號。心想，彼優特這個男人到底是個好領導人，還是個糟糕的領導人呢？當然了，她後來展露笑臉，對我說「今後還是一樣，我們大家一起努力吧」。

我所說的心理安全感，指的就是這麼回事。有時成員會訓斥主管，而主管有時也會犯錯，就算挨罵也無話可說。儘管如此，整個團隊還是一樣積極向前，全力以赴，大家都處在這樣的心理狀態下。換句話說，團隊成員與主管的關係，是「夥伴」。

不用說也知道，人並非天生完美，所以需要能互補的夥伴。

但團隊中常會有想要完美處理一切的主管。一副「如果不像我這麼做就不行」的模樣，想向成員們展現完美的示範。我承認這樣確實很賣力，但光想也知道，這麼做絕對無法成為成員們的夥伴。

爭執是提高團隊生產性的絕佳機會

在整個團隊一起推動工作的過程中，如果能成為團隊成員的夥伴，是否就完全不會引發任何「爭執」呢？其實不然。**有思考的多樣性，彼此想說什麼就說，越是這樣的團隊，越常有意見對立的情形。**

就這層意涵來說，我認為引發爭執，對團隊來說反而是件好事。當然了，為了避免成為單純的情緒性爭執，主管做好引導的工作，讓它成為有建設性的對話，顯得越來越重要。

對討論慢慢加以歸納，不光是引導出積極正向的結論，還為了引出更好的點子，必須提高討論的緊迫感。例如「我們從剛才一直在討論，難道真的就只有這個方法？沒其他點子了嗎？」，拋出這樣的提問。

像這樣的「爭執」，是成員們成長的機會，同時也是提高團隊生產性的絕佳機會。

要如何為爭執不休的兩人仲裁呢？

另一方面，當眼前發生情緒性的衝動時，主管只能挺身而出，加以制止。我在日本待過三家外資企業，分別是貝立茲（Berlitz）語學教育、摩根史坦利投資銀行，以及Google，但不管團隊聚集了多優秀的人才，多少都還是會有爭執。尤其是在Google，有不少任性的人物，情緒性的衝突一點都不少。

這時該怎麼做才好呢？我會先將當事人帶到別的辦公室，聽起衝突的兩人怎麼說。

仲裁有各種做法，但我常採用這套方法。

首先要請他們說出彼此的理由。接著在確認過「A希望B做的是這個。B希望A做的是這個」，便對A說「B說他希望你做什麼？請試著說一遍」，請他複誦一次。同樣的，也對B說「A說他希望你做什麼？請試著說一遍」，請他複誦一次。

「哦～原來他希望我這麼做啊」，彼此若能認清對方對自己的要求，情緒性的衝突就會馬上緩和許多。再來會展開有建設性的談話，想要自發性的修復彼此的人際關係。

換句話說，**主管該做的仲裁，不是單方面的提出解決辦法，而是平靜的問出當事人的解釋**。

其實這是我在講座上常會安排的**「認同練習」**。在認同練習中，要互相說出自己希望對方看的部分和不希望對方看的部分，這樣能認同自己、認同對方，炒熱氣氛。

舉例來說，在講座中我會反覆展開這樣的對話。「我希望你看的是我的知性，不希望你看的是我散漫的一面。」「我看得出你的知性，也看得出你散漫的一面。不過，我也看出你大器的一面。」

說出自己不希望對方看到的一面，而對方也認同你不希望對方看到的一面，而且還說他看到了另外一面。雖說這是練習，但藉由相互認同，人際關係會變得更好。

將牢騷改說成要求

在許多情況下，主管會得知團隊內發生的情緒性衝突，往往都是來自成員的「牢騷」。

「你不覺得B很過分嗎？」

當A如此發牢騷時，主管若是安排「認同練習」來加以對應，會很有效果。

「哦～你希望B做〇〇對吧？」

「是啊。」

「你曾經當面請B做〇〇嗎？」

「沒有。」

「那麼，這次開團隊會議時，請你試著向B這樣提議。」

很簡單對吧。**只要請對方將牢騷改說成「要求」，有清楚的認識，讓彼此的交談往有建設性的方向誘導，這樣就行了。**

單憑一句「照我說的話去做！」，無法解決事情

人們會變得情緒化，而與別人產生衝突，這都是發生在什麼情況下呢？我們試著來想想看這個問題吧。會引發最激烈的衝突，往往是自己所重視的信念或價值觀受損的時候。

舉例來說，許多孩子都希望「可以一直看電視，不受拘束」。這對孩子來說，可說是一種信念。但母親卻命令道「不能老看電視」。孩子會心想「我不要！」，產生情緒性的反彈。大人也一樣。許多男性會認為「我想無拘無束的和女性聊天」。但女朋友和妻子卻命令道「你不能和別的女人聊天」。男性心裡會反彈「為什麼？有什麼關係嘛！」。

大人的例子姑且不談，對於孩子的反彈，就算一再的跟孩子說「要照媽媽說的去做！」，還是無法消除這種情緒性的衝突。

所以不該採取這種做法，首先要試著溫柔的問一句「為什麼你想看電視？」，這點很重要。這是下一章會介紹的「七個提問」（想透過工作得

到什麼？）中的安排。

「為什麼你想看電視？」

「因為很快樂。」

「那麼，為什麼你覺得享受快樂很重要？」

「因為會讓人覺得很興奮。」

「那麼，能感到興奮的事，除了電視之外，還有什麼呢？」

「和爸爸媽媽一起到戶外玩，也覺得很興奮。」

「那麼，我們一起到戶外玩吧。」

工作團隊也一樣，**要消除情緒性的衝突，主管得促成當事人自己意識到這點，並增加有建設性的選項，這點相當重要。**

第三章

提升團隊效率的「優質談話」

要提升團隊效率，聊天相當重要

「星期一早上，你會想早點去公司嗎？」

面對這個問題，無法回答「YES」，而且又拿不出成果的成員，也許是對團隊感受不到「心理安全感」。

主管的工作，簡單來說就是用心與每個成員接觸，讓團隊成員有「明天我也想工作」的念頭。

那麼，該怎麼與成員接觸才好呢？**最重要的是「累積優質的談話」**。

聽說日本某家大型廣告商，針對效率高的團隊與效率不彰的團隊，做過比較研究。結果發現雙方對話內容大不相同，有效率的團隊常聊工作的事，而沒效率的團隊則老是在閒聊。

導引出好的聊天之「七個提問」

為了提高團隊的心理安全感，我也認為聊天相當重要。所以在我的體驗講座上，一定會安排一個讓參加者相互提問的體驗時間。只不過，內容一概與「價值觀」有關。準備了日本企業的商務人士不太會在職場上談到的聊天主題。

我們常展開的交談，我稱之為「七個提問」。

①「你想透過工作得到什麼？」
「想以專家的身分累積工作資歷。」

②「為什麼有這個需要？」
「我有女兒，而且我希望提高薪資。所以我想要更加努力，讓自己成長。」

「為什麼覺得成長很重要？」
「為了女兒，我希望自己能成為一位值得驕傲的父親。」
「那麼，你是為了女兒而工作嘍。」

③
「你認為怎樣才算是好工作？」
「回家時臉上掛著微笑，就表示工作一切順利。」

④
「你為什麼選擇現在的工作？」
「當初我也沒想太多，一畢業就進這家公司了。」
「為什麼可以一路持續到現在？」
「因為工作時覺得很快樂。」

⑤
「去年與今年的工作有怎樣的關聯？」
「去年我很賣力，所以今年展現了小小的成果。」

⑥「你最大的強項是什麼？」

「真要說的話，我的強項應該是努力、認真。」

⑦「你現在需要怎樣的支援？」

「我想有所成長，所以我希望能指派更大的計畫案讓我處理。」

①「想透過工作得到什麼」和②「為什麼有這個需要」，是與「價值觀」和「信念」有關的提問，而③「怎樣才算是好工作」和④「為什麼選擇現在的工作」，則是與「基準」、「動機」有關。

⑤「去年與今年的工作有怎樣的關聯」，是用來讓當事人注意到自己「成長」的提問。雖然有時候算不上有正向成長，但這個提問的目的始終就只是讓人注意到「現在的自己與過去不一樣」。因此，如果當事人已注意到自己的變化，就不必刻意重複問這個問題。

⑥的「強項」和⑦的「支援」，是管理上不可或缺的資訊。不光只能用在團隊的層級，對於人事異動這類公司層級的判斷，也能派上用場。

浪費時間的提問，改變人生的提問

我希望主管在和團隊成員的對話中，能加進這七個提問。

我認為，對成員的提問可分成**「改變人生的提問」**與**「浪費人生的提問」**。

像確認業務進度的這種根據事實的提問，是「浪費人生的提問」。當然了，主管沒必要事先詢問，相較之下，用來讓當事人注意到自己的動機、信念、獨特性、判斷基礎，根據價值觀所做的提問，也就是「改變人生的提問」，反而更顯重要。

當別人根據價值觀提問時，會讓人覺得自己受到認同。對方肯認真聽自己回答，會讓人對自我揭露感到慶幸。而透過自我揭露所展開的對話，會感覺自己得到更深的自我認識。經過這樣的一再反覆，便能在組織中巧妙的表現自我。

感謝之情會提高團隊的生產性

對人們而言，自我認識極為重要。在經歷過自我認識、自我揭露、自我表現等步驟後，等在後頭的便是「自我實現」。若能自我實現，便能獲得「我辦得到」這樣的自信（自我效能），自我認識將就此提升（圖表3）。

清楚明白自己是怎樣的人，想做的是什麼，這樣才能站上朝自我實現邁進的起跑線上。自我認識是自我實現的一部分前提，是自我實現所不可或缺的要素。主管要是能創造這樣的機會，成員就會帶有強烈的感謝之情。這種心情當然會讓人與人之間的關係變得更加融洽。

如果人際關係不佳，彼此就無法專注在原本該做的工作上。

例如有一項業務，雙方對話如下「這項工作請在今天先處理」「好，我會先處理」，儘管如此，主管還是抱持不信任感，「你會怎麼做」「那

●圖表 3 從自我認識到自我效能的變遷

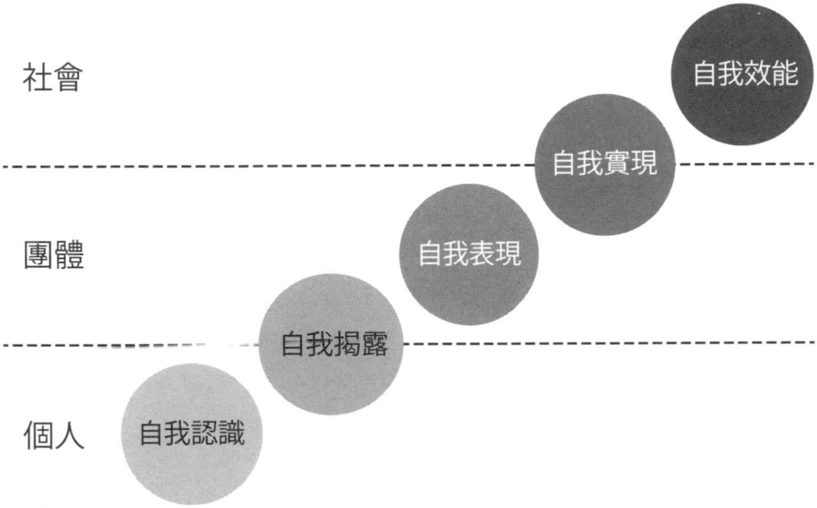

件事做好了嗎」「這為什麼會變這樣」，每件事都要管，很容易陷入微觀管理的狀態。而成員也會產生懷疑，心想「為什麼我們的主管每件事都要管」，效率會就此降低。這種狀態下的團隊生產性不可能提升。

附帶一提，**「為什麼」這種疑問形（英語的 why），如果是根據事實來提問，對方往往會有受責備的感覺**。例如像「這份資料的這個部分，為什麼會變這樣？」這類的提問。回答的一方聽了會備感沮喪，往往會回答「這不是我做的判斷，是客戶的指示……」，找藉口讓自己的做法正當化。所以要使用「為什麼」時，要特別注意。

不過，我認為**根據價值觀提問時，越常使用「為什麼」提問越好**（當然了，始終都要用溫柔的口吻詢問）。因為動機、信念、獨特性這類的個人價值觀，不可能有「標準答案」，彼此不會感到沮喪，能輕鬆展開對話。

能讓人以積極正向的能量回答的提問

所謂的動機，不用說也知道，與每個人所想的人生意義或目的有緊密關聯。

換句話說，動機與作為自我實現前提的自我認識，有緊密的關聯。

因此我向來都一定會問成員一句「在你過往的人生中，最感謝的一件事是什麼？為什麼？」。

因為根據我個人經驗，這個提問會從自我認識開始，經過一番自我揭露、自我表現，並進而加深自我認識，帶來「良性循環」。

詢問過「為什麼覺得感謝？」後，大部分人都會以積極正向的能量來回答。這就是自我認識。接著會更想自我揭露，想自己主動多說一些。換言之，會有一種想要邊聊邊自我表現的心情。當自我表現受人接納，得到人們的認同時，自我效能（＝自信）便會提升。藉此加深自我認識，最後動機也跟著提升，良性循環就此孕育而生。

請對方說出自己的「人生轉捩點」

在促成成員自我認識和自我揭露的提問中，與「人生當中最感謝的一件事是什麼」程度相當的，就屬「人生軌跡（lifepath）」了。

簡單來說，就是請對方說出自己的「人生轉捩點」，不過，如果提出「人生中很重要的瞬間是什麼時候？」「是哪件事造就了現在的你？」這樣的提問，對話的氣氛便能就此炒熱。

越是優秀的主管，越會反覆提出我在此介紹的這種改變人生的提問（＝根據價值觀所做的提問）。不只限於一對一的情況下，在一起行走或是在酒局的場合中，也可以若無其事的一面安排，一面巧妙的詢問「你最近在追求什麼？」「你覺得自己要是得到什麼，會表現更好？」。

根據價值觀展開對話，成員們一定會覺得「他讓我發現與我人生有關的大事」。藉此也能提到他們對團隊的信賴和尊重。

會影響團隊效率的世界共通變化

我認為，不管時代再怎麼改變，主管「該做的事」基本上還是沒變。身為主管，至少也要將以下三點視為不可或缺的要項，扮演好這幾個角色：

① 仔細決定好團隊的任務（願景和策略）
② 管理往任務邁進的程序
③ 成員的養成

不過，主管必須依據商業的形態和工作方式等等的新趨勢，來領導團隊成員。

儘管決定了團隊的任務，認真管理往任務邁進的程序，在成員的養成上也很用心，但如果主管本身始終抱持落伍的意識，那絕不會有好結果。

充分理解現今的商業結構，才能擁有提高生產性的明確願景和策略。在指導方面也一樣，如果能理解這點，就能更準確的評斷成員展現的成果，也能進一步付出關心，溝通無礙。而對於成員的工作資歷，應該也能提供有助益的建議。

現今的商業和社會的形態，以及員工的工作方式，有什麼樣的改變呢？關於這世界共通的變化，在此做個大略的整理。

❶ 從製造物品的世界，轉變為設立結構的世界

只要製造出品質好的物品就行，這種「舊型商業世界」早已結束。在現在的「新型商業世界」裡，物品怎麼使用、如何與網路連結、如何分享，說起來也就是設立結構（平台），這都是必須思考的問題。

❷ 從貪婪的公司，轉變為貢獻社會的公司

只為賺錢而運作，講求利己主義的「貪婪」公司，越來越難以成長。

有所成長的主要是為了「貢獻社會」而運作，抱持利他主義的公司，例如Google、Mercari、提供民宿地點的Airbnb、派車服務（共乘）的Uber等。

但目前既有的大企業，都是為了不特定多數的股東而運作的組織，所以原則上得為了賺錢而奔走，而不是為了貢獻社會。

就這層意涵來看，新創公司反而能創造一個以貢獻社會為基礎的使用者社群。事實上，我們可以說，錢財開始往這樣的新創公司匯聚，而市場價值觀也隨之改變。

❸ 工作的推動方式，從封閉轉變為開放

工作的推動方式也逐漸改變。過去公司裡的工作都很封閉，採用不對外開放的本位主義推動方式。現今的公司都很開放，不分產官學，和公司外的工作夥伴、自由業者、從事地區或社會活動的人們都有合作，在開放的合作主義下推動工作。

舉例來說，像Airbnb，屋主會協助Airbnb，而像Uber，則是車主會協助Uber，公司和一般民眾之間保有夥伴關係。

❹ 管理方式從KPI轉變為OKR

員工的管理方法，不是採由上而下的方式來決定KPI（Key Performance Indicators，關鍵績效指標），而是改為OKR（Objective and Key Result，目標和關鍵成果），朝著高層指出的大願景，由個人自發性的設定各自的目標。關於OKR，會在第六章加以說明。

❺ 從金字塔型的組織轉變為樹型的組織

公司組織的形態也起了轉變（圖表4）。過去一直是主流的金字塔型，如同它的功能「墳墓」一樣，是上面展開強烈的壓迫，底下死氣沉沉的無機組織。不該是這種由上而下的組織，今後組織如果不能像矗立在草原上，枝葉繁茂的樹木一樣，以開放之姿與外面的業界緊密相連，呈現出有機的樹型組織，就無法有所成長。

在金字塔型的組織下工作的人們，連發言的自由都沒有，是公司豢養的牲畜。另一方面，在樹型的組織下，每個人都能自由的發言。

●圖表 4 從金字塔型的組織轉變為樹型的組織

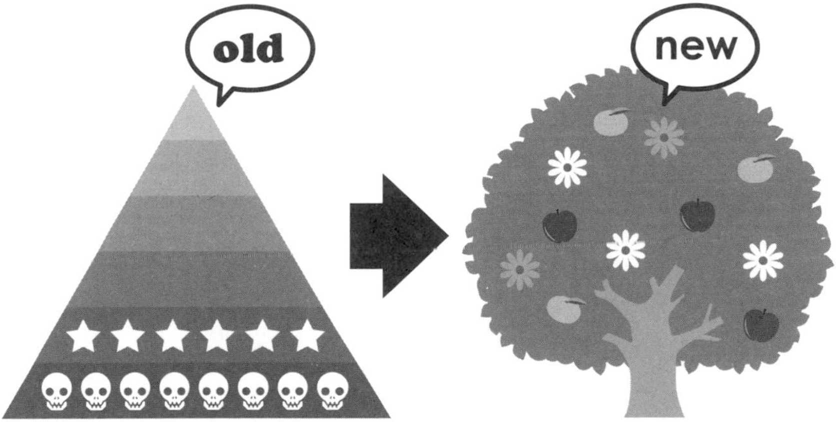

近年來人們常提到員工體驗（Employee experience）。例如將辦公室布置得很時尚、提供自助式餐廳等等，打造一個能快樂工作的職場，這對公司來說，是很重要的課題。這也可說是讓組織變得有機化的一種方法。關於員工體驗，在第四章會加以說明。

❻從計畫主義轉變為學習主義

在商業腳步越來越快的情況下，過去那種「決定計畫後再行動」的形態已越來越行不通了。

不是等一、兩年後再行動，而是以飛快的速度邊跑邊思考，一面跑一面改變，現今的時代如果不採取這樣的「學習主義」，便無法展現成果。

❼從成員兼主管轉變為組合主管

一面對成員進行管理和指導，一面和成員做同樣的業務，亦即所謂的成員兼主管，如今已是落伍的模式。

在開放的樹型組織下，不只限於公司內，對於公司外的人才、組織、科技等各種資源，都會加以活用，思考如何解決問題，如何創造價值的這種「最佳組合（Portfolio）」，正是主管必須扮演的角色。

❽ 對待員工的方式，從鵜匠型轉變為牧羊人型

鵜匠以繩子一次綁住多隻鵜鶘，讓牠們到水裡捕捉香魚。同樣的，剝奪員工的自由度，以此加以管理，是過去公司採取的做法。

如今已不同以往，現在追求的是提高每位員工自由度的牧羊人式管理法。為了讓每位員工都更能投入工作，做自己想做的事，打造一個能讓他們發揮最大效率的職場，顯得越來越重要。

引出自律性的效率，是主管的職責

在商業的腳步越來越快的情況下，如何迅速適應這樣的變化，對公司來說是一大課題，此事已不必再多做說明。

當然了，等候高層做出判斷後才展開行動，這樣的公司肯定跟不上變化的速度。為了能迅速適應，會希望各個不同的「工作現場」都能自律性的做出判斷，馬上展開行動。也就是說，從旁協助，好讓工作現場能自律性的展現成果，這正是主管扮演的重要角色。

短期性、長期性、隨時性──三種效率

說到工作現場的成果，不用說也知道，會受「個人的效率」左右。

簡言之，所謂的主管，是為了將團隊成員的效率提升至最大極限而

存在。

不過，要注意的是，**效率可分類成「短期性」「長期性」「隨時性」這三個時間軸。**

- **短期性，是執行眼前當事人和團隊的工作。**
- **長期性，是提高當事人與團隊的市場價值（技能和成長的可能性）。**
- **隨時性，是學會當事人和團隊適應變化的能力。**

但很遺憾，許多主管都欠缺長期效率的觀點，往往腦中只想到短期效率。

只在意眼前的工作。想控制成員，確認他們都會好好工作，或是檢查他們是否時時都坐在座位上。這是很常見的類型對吧。這就是採取「微觀管理」的主管。

其實不該是這樣，如果是一位優秀的主管，會認為比起一直坐在座位上，還不如去參加讀書會，這樣的個人和團隊對公司來說才有長期性的價值。

反過來看，不會這麼想的主管，可說是放棄了主管原本該扮演的角色，也就是沒協助成員，讓他們很自律的展現成果。

培育成員，使其能自發性的朝公司的願景執行每天的工作，並自發性的想出新點子，付諸實行，最後達成自我實現，這可說是主管的工作。

應該多多催促「新人發言」的原因

微觀管理尤其容易發生在團隊裡有新人加入時。

許多主管會忍不住想要控制、支配新人。而若無其事的對新人訓斥「你是新人，別發表意見」或「你要說這種話還早著呢」，這樣的主管也不少。

其實不該這麼做，若能多多催促新人發言，例如「不錯哦，你的意見很好」或是「再多說一點」，則當事人就會更快成長，也可能對團隊帶來相乘作用，所以思考長期效率當然會比較好。

在業務上也是如此。不該說「你要做這項工作還早呢」，而是應該說「要不要試試這項工作」，多多指派工作。一開始還不習慣，或許會失敗，也可能花上三倍的時間。但是被指派工作的新人會覺得自己深受信賴，而覺得開心，工作起來更加勤奮。結果能促成當事人與團隊的長期效率。

重要的不是控制新人，而是提高這樣的「自我效能感」（覺得自己能付諸實行的期待＝效能期待和自信）。

並不只局限於新人。團隊成員只要能真切感受到主管很信賴我、工作都放心的交給我、常誇獎我、常協助我，就會自發性的緊緊跟隨主管。

只要回想自己的新人時代，應該每個人都會想到這點才對。

給自己和團隊成員一個學習的機會

主管將自己的業務轉讓給成員們處理，這能給成員「學習」的機會。

透過工作可以學到什麼，這是很重要的事，反過來說，如果學不到什麼，也就沒什麼工作價值。

就這層意涵來看，對當事人而言，將自己的業務交由成員來處理，頗有助益。

前輩讓後輩承接自己的工作，也是這麼回事。如果後輩能勝任，便不是繼續做同樣的工作（＝學不到東西的工作），而是**教導後輩自己所做的工作，提高後輩的自我效能感，同時自己也開始學習新的工作，這才是原本該有的工作方式。**

我見過許多成功的商務人士，他們每天都一邊工作，一邊提醒自己要學習。

只要增加「心流狀態」，生產性便能提高

我在前面提過，「提升成員的效率」，是主管扮演的重要角色，在近年來針對效率所做的研究中，美國的心理學者米哈理・契克森（Mihaly Csikszentmihalyi）提倡的**「心流理論」（在挑戰與技能相當的情況下，全心投入事物中的體驗和狀態的相關理論）**備受矚目。

所謂的心流，簡單來說就是「沉迷」，亦即全心投入自己感興趣的事物中的一種狀態。心流狀態平時在八小時的工作時間中，只有短短三十分鐘。有研究結果指出，這種狀況如果延長為一個半小時，生產性將增加至兩倍。

在心流狀態下，因為多巴胺和內啡呔等神經傳遞物的分泌增加，所以幸福感會提高，壓力也隨之下降。

簡言之，**主管所扮演的角色可說是「延長成員的心流時間」**。這並不是什麼難事。一名成員對工作抱持關心，主管只是從旁協助，讓他能冷靜下來集中精神，快樂的工作。

心理安全感如果沒提高，心流狀態就不會出現

當然了，前一章詳細提過的「心理安全感」如果沒能提高，心流狀態就不會出現。舉例來說，不管成員再怎麼喜歡那份工作，但是在無法讓自己產生共同感的主管底下，一定沒辦法靜下心快樂的工作。

所謂的共同感，不用說也知道，是情感層次的連結。我認為**主管與成員的情感連結，以心理學所說的「投契關係」（rapport，心靈相通的祥和狀態）最為理想**。

人都有好惡，所以或許有人會認為投契關係的門檻太高，但我反而認為就彼此的感情狀態來看，這是很自然的狀態。

在營業研習等場合中常教導我們，如果想提高與對方的共同感，有「配合對方說話速度」「配合對方聲音音調」「配合對方的用語」「配合對方的話題」「配合對方的動作」這類的心理學方法，這稱之為回音（Echo）或鏡射（Mirroring）。

不過，要在對方沒發覺的情況下自然的展開，相當困難，所以不推薦這麼做。或許應該說我自己多次在主管研習中試過這個方法，但只會讓參加者覺得掃興，所以我很討厭這個方法。回音和鏡射反而會阻礙「心靈相通」。

而現在我在商業講座上採用的「共同感活動」非常簡單，而且功效卓著。它只要注視彼此的眼睛。

眼神交會，對人們來說是很重要的行為。光是這麼做，就能相互傳達出一種「你不是敵人，可以信任」的認同情感，成為共同感的前提。

只要透過腦內的「鏡像神經元」（光是看眼前其他個體的行動，就會像自己也採取同樣行動一樣做出反應的一種神經細胞）的功能，持續看對方的眼睛達四分鐘之久，彼此以最基本的層級相連，亦即不講究道理，純粹以情感層級相連。

「共同感很重要哦。來吧，各位也和旁邊的人心靈相通吧。」就像這樣，不管再怎麼用言語說明，現場參加者的感情還是不會有任何改變。還不如強制的要求他們「接下來的四分鐘，請靜靜注視旁邊人的眼睛」。如此一來，很自然就會對旁邊的人產生親近的情感，也會發現整個會場的氣氛變得柔和許多。

這時候才開始說明「共同感很重要對吧，其實要產生共同感，出乎意料的簡單」，參加者便能以情感來理解，而不是以道理。

此外，在商業講座上，除了讓與會者了解我所提出的主題外，讓與會者展開交流，也是很重要的目的。因為這個緣故，我採用「共同感活動」來促進大家交流。

看著對方眼睛時，會感到一股親近感，同時會心想「他是個怎樣的人呢？待會問一下好了」，關心度也自然會就此提高。彼此擁有這樣的好感，就不會單純只流於初次見面的問候，而能進一步展開交流。

好好看著對方眼睛說話的重要性

話說，當主管想博取成員的共同感時，該怎麼做才好？因為主管突然對每天一起工作的團隊成員說「那麼，接下來的四分鐘，我們看著彼此的眼睛吧」，會顯得很不自然對吧（話雖如此，如果實際這麼做，應該能實際感受到其功效才對）。

總結來說，與成員一對一對談時，要好好看著對方的眼睛說話，只要很理所當然的這麼做就行了。

只要望著彼此的眼睛說話，成員自然會產生一股「他認同我」的安心感。這是共同感的起點。

附帶一提，像「最近工作狀況如何啊？」「謝謝你平時的幫忙」這樣的日常問候語，也能給對方一種得到認同的情感。完全不需要什麼特別的對話。

如果沒有「思考的多樣性」，就產生不了新點子

需要團隊和主管的理由，我已一再說明，如果沒有團隊的多樣性所構成的「集思」，便無法展現卓越的成果。

之前提到主管「應該做的事」，當然也會與「如何創造出團隊的集思」這樣的方法論產生直接連結。

在多樣性方面，重要的不是人們常說的男女比例如何，或是外國人占多少比例這樣的人才多樣性，我認為真正重要的是「思考的多樣性」。

為了展現出卓越的成果，最重要的不用說也知道，當然是新點子。不管資金再充足，只要沒有新點子，一樣變不出花樣。

舉例來說，業務員的工作是看出客戶的需求，提案做出有需要的商品。因此，說得古怪一點，就是必須比客戶自己更加了解客戶才行。換句

話說，業務團隊為了展現成果，有個比銷售技巧更重要的要素，那就是與洞察力（Insight，購買意願的核心或關鍵）關係緊密的點子，這是不可或缺的要素。

年代改變，想法也要改變

我從事經營顧問這項生意，在很多場合裡真切感受到與洞察力有緊密關聯的點子有多重要。

最近有某家公司針對雇用畢業生一事來找我諮詢，我提到「我們公司二十多歲的女性員工是這麼說的」，說出她的點子，結果對方非常高興。說起來，這算是提供了附加價值，不過，能提出這樣的點子，也是因為我覺得很驕傲，自己的團隊裡具有客戶的公司所沒有的思考多樣性。如果我團隊的成員都和我一樣是四十多歲的男性，應該就無法提出像雇用畢業生這種有價值的建議了（其實我認為，客戶公司的人事只要多採納新進員工的點子就行了）。

如果沒有思考的多樣性，就產生不了新點子。這再單純不過的「法則」，沒想到有很多主管都不明白這個道理。

有一次某家公司舉辦活動，請我去演講，而就在活動結束後的同歡會上，我目睹了這樣的場面。

當時我站在社長身旁。來了一位才進公司兩年的年輕女員工，她很賣力的向我說出她對這次活動的感想。例如「我心裡這麼想，所以採取〇〇做法」、「要是能用社群網站進一步推廣就好了」、「行銷上要是能這麼做就好了」。我聽了之後，覺得她的點子都非常棒，對她很是佩服。

但我身旁的社長可不是這種反應。可能是他無法理解這名女員工想表達的意思吧，他馬上插進我們的談話中。「我說妳啊……」「這種事不該在這裡談」社長以高高在上的視線，想用這類的話阻止她繼續往下說。

對方好不容易說出她的點子，卻完全不想聽，這是最糟的做法。想必這位社長完全不懂思考的多樣性有什麼價值吧。

我重新環視這場同歡會的會場，發現負責活動營運的全是男性員工，大部分都年近五旬。竟然有辦法清一色都是這樣的人，就另一個層面來說，也不得不令人佩服。

將成員的發言活用在團隊工作上

時時傾聽成員的發言，持續思考如何將它活用在團隊的工作上，這是主管該肩負的重要職務。

說來也真不好意思，感覺我像是在炫耀自己的團隊，不過這次我要談的，是某天我與公司的兩位女性成員談論到我用社群網站宣傳的方法時發生的事。

「不論是臉書、推特，還是ＩＧ，不是都能用嗎？」

我話才剛說完，二十多歲的女性成員馬上一口否定我的說法。

「彼哥，ＩＧ不適合你啦。」

「是嗎？為什麼？」

「因為ＩＧ主要都是照片。彼哥你則是文字取勝。」

「這樣的話，如果我在裡頭加入文字呢？」

結果另一位三十多歲的女性成員說「可是，ＩＧ的用戶是不看長篇文字的……」

我們提出各種點子，最後決定「如果是漫畫，或許大家就能接受」。如果採四格漫畫的方式呈現，有個奇怪的外國人（就是我扮演的角色）從背後望著一名正在工作的日本女性，然後吐槽道「這裡怪怪的」，或許就能在ＩＧ上推展開來。

至於要不要實際嘗試，我們又另外討論，「ＩＧ不可能」→「但還是考慮看看吧」→「ＩＧ並非光只有照片」→「既然這樣，那漫畫如何？」→「不錯哦，用奇怪的外國人角色」，對話就此串連在一起，造就出新的點子。

所謂的多樣性對話，就是像這樣。四十多歲的外國男性、三十多歲的女性、二十多歲的女性，正因為有這樣的思考多樣性，所以創造出光一個人想不到的新點子。

要是我自己一個人思考的話，或許會在臉書、推特、ＩＧ都擺上同樣的內容，而如果是那位二十多歲的女性自己一個人思考，或許會放棄用

ＩＧ來宣傳。

將不同成員的思考模式全收進團隊裡，以此提高團隊的多樣性，這正是主管展現本領的時候（更換成員和活用外部資源也包含在內）。

團隊成員沒辦事能力，是主管的錯

不過，對於肩負多樣性這個責任的重要團隊成員，卻有不少主管以很隨便的態度說一句「這傢伙根本就沒辦事能力」。

但就我所知，很多案例是因為主管原本就沒做好「主管的工作」，所以成員才發揮不出應有的效率。

例如沒設定目標、沒提出用來達成目標的程序、沒做出反饋。

就像前面所說，展開明確的對話，例如「最近工作狀況怎樣？」「計畫完成度多少了？」「你面臨的瓶頸是什麼？」「我該怎麼協助你才好？」，這正是主管的工作。

有太多的主管都沒展開這種一對一的對話，就自己認為「那傢伙沒辦事能力」。

其實只要讓成員覺得「主管一直都看著我，很用心幫我」，他們應該

都會很賣力才對。

附帶一提，人事負責人的罪過也不輕。對於這些沒做好自身工作的主管所提出的預測和偏見，一概全盤接受，像「到底是什麼事辦不好？」「是怎樣沒辦事能力？」「這樣的評價有什麼證據？」這一類理所當然的確認步驟都沒做，就回覆一句「既然這樣，就指派一個沒事做的職位給他吧」，輕易的做出人事異動的判斷，這種情況所在多有。如果公司內會做出這樣的錯誤判斷，請務必要和有心的人事負責人一同改變公司。

創造機會也是主管要肩負的重要職務

主管對於無法提高工作動機，而且效率低落的成員，該如何溝通呢？當然了，並不是因為某項業務無法勝任，就不配當一名商務人士。

之前舉體育隊伍的例子，提到「隊伍裡不需要沒幹勁的人」，但另一方面，面對這種效率不彰的情況，「創造機會」也是主管的重要職務。

總結來說，**「職涯管理」也可說是主管的重要工作。**

當然了，主管必須以此為前提，事先明確的掌握成員們「身為商務人士，今後想做的是什麼」。不過，真正傷腦筋的是「不知道自己想做什麼」，自我認識不足的商務人士著實不少。

不是就連主管詢問也「不肯說」，而是真的「不知道」。尤其是日本企業，我感覺到這類型的人相當多。

所以要催促成員自我認識，也就是培育他們養成習慣，主動思考自己想做的是什麼，這就是主管的工作。

常見的指導錯誤

不過，有一種常見的模式是，一位參加過指導研習的主管，某天突然像這樣與成員展開面談。

「請坐，我接下來要指導你。你對自己的職涯有什麼規劃？咦？不知道？怎麼會不知道呢？這明明是你自己的事啊？」

明明一起工作了十年，從沒來針對職涯問過半句話，現在卻對成員催促「好了，趕快說」。最後只因為對方回答不出來，便擅自替對方貼上「沒用的傢伙」這種標籤。

這樣根本就不配當一名主管。其實不該這麼做，**只要若無其事的用溫柔的口吻交談即可**。例如你可以邊走邊說。

「對了，我一直都沒問過你，你未來想做什麼？哦，不知道是嗎。這樣啊……」

第一次可以就此結束話題，隔週再問一次。

「上禮拜我問過你未來想做什麼。後來你想過這個問題嗎？哦，沒想太多是嗎。這樣啊……」

隔一段時間後再問，這會讓對方認識到自己有必要思考這個問題。「你先想想這個問題」連這種話也不必說。不必強迫，只要很溫柔的問一次這個問題，然後離開，這樣就行了。

當事人會心想「可能還會被問到這個問題」，然後一定會開始思考。也許回家後會和妻子一起討論。

「主管問我將來想做什麼，我答不出來。我到底想做什麼？」

「你以前不是常說你想〇〇嗎？」

「啊，對哦。我都忘了。謝謝妳。那麼，下次他再問我的話，我就這樣回答。」

等到第三次，再展開指導。

也能做出和對方職涯有關的積極提議，例如「你將來想做什麼？哦，原來你想做那個啊。這樣的話，從事這項工作的業務，好好努力的話，應該就能派上用場吧？」或是「那麼，比起在我的團隊裡吃苦，還不如加入那個團隊打拚比較好吧？我去問問看，看能否把你調過去」。

主管若能定期的創造機會，展開有建設性的對話，應該就能掌握什麼事能成為每位成員的工作動機，並加以支援。

簡言之，這就是職涯管理，亦即主管「製造機會」的工作。

說得更理想一點，**主管所做的指導，應該在每天每分每秒的對話中進行**。「這樣啊，你想做〇〇是吧。為什麼會這麼想呢？」「原來如此。不過，也有〇〇以外的選擇吧。我們一起來想想吧。」「那麼，我今後該提供你怎樣的支援好呢？」

在平時的對話中，反覆進行開放提問（不是二選一，而是能自由說出意見的提問）和反饋。每一個瞬間都是指導，透過這樣的一再累積，當事人會發現許多事，而自行產生改變。

主管必備的「判斷標準」

這種指導的前提，是前面介紹過的「主管時時都要思考經營高層會給予什麼評價」這種想法。換句話說，**主管對成員也必須採取和經營者同樣的看法。**

如果是經營者，適才適所的將公司內的所有人才運用到最大極限，這是很理所當然的經營判斷。簡言之，「因為無法勝任現在這個業務，所以那傢伙沒辦事能力」，會做出這樣的評價，是很低層次的看法。

以經營者的立場思考──這對主管來說是必須的「判斷標準」。

當一個人的技能與喜好，與公司所需要的工作無法達成一致時，當然展現不出效率。也就是說，如何使其達成一致，與整個公司的效率和成果息息相關。

當然，透過適才適所，當事人的動機會大幅提升。有人說，**「目的（Purpose）」**、**「熟練（Mastery）」**、**「自主（Autonomy）」**這三個要素齊備後，動機就容易提升（圖表5）。

關於各個成員的工作，請根據下面的觀點，確認看看他們每個人各自的工作是否會促進成員提升動機。

- **「目的（Purpose）」**……覺得有意義嗎？
- **「熟練（Mastery）」**……能學到新的事物嗎？
- **「自主（Autonomy）」**……選項會增加嗎？

當然了，也可以用自己的方式安排說詞，直接向當事人詢問。

如果能讓每個成員心想「主管一直都看著我，讓我做我想做的事，這是家好公司」，也能防止優秀的人才外流。

不懂得這麼想的主管，坦白說，實在不配當主管。

●圖表 5 動機的構造

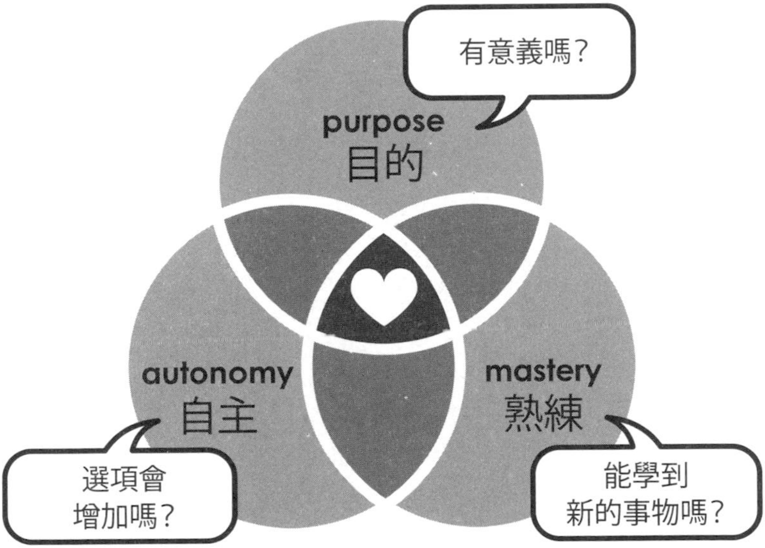

產生新點子的開放式溝通

就像前面所說的「牢騷和爭執對團隊而言是好事」，能看見牢騷和爭執，證明團隊有心理安全感和多樣性。

如果沒有心理安全感，大概就無法自在的說出牢騷和抱怨，而如果沒思考的多樣性，就不會有任何意見對立。團隊中有抱持不同價值觀和想法的成員，可以放心的發牢騷或是爭論。透過這樣的開放式溝通，會產生新的價值和新點子。

「想增加的對立」和「不想增加的對立」

在這層意涵下，我們可以說，越早發牢騷，越能早點將成員導引向有建設性的方向。

以情感層級的對立當契機，經歷過「你想要的是什麼」「我想要○○」這種根據點子展開的對話後，就能真切感受到「他肯聽我說」。這麼一來，容易情緒化的成員，其態度也會漸漸改變成有建設性的態度。**雖然同樣是「對立」，但只要能多增加一些點子基礎，則情感層級的對立就會自動減少**。為了這個目的，提高心理安全感，讓人可以連同牢騷在內，放心的對話，無話不談，這是主管該扮演的角色。

不用說也知道，對立並非撩撥爭吵。自始至終都是有建設性的對話。

舉例來說，面對「我作了這個，你覺得怎樣」這樣的提問，要像「這部分最好改一下比較好」或是「如果沒這類的數據資料，無法接受」這樣的回答一樣，要有邏輯性、有建設性的回答你的看法。

但我們常看到的情況是，當對方問「你覺得怎樣？」，卻只是說一句「嗯……該怎麼說好呢」，根本沒任何回答。這樣的話無法讓點子變得更好。

此外，主管若只是隨口說一句「嗯，不錯」，這也會是個問題。

我認為**「對點子做確認」是主管該扮演的重要角色**。

舉例來說，如果有某個成員提議「我想做這個案子」，就該問其他成員「各位怎麼看？這對我們團隊有意義嗎？」，加以確認。要是沒有意義，就問「為什麼沒意義？」，如果有意義，就問「有什麼樣的意義？」，大家一起討論。過程中不光只圍繞在這個點子上，也會探尋其他點子的可能性。

這是提高生產性的必要程序，而執行這項程序，是主管該扮演的角色。

最有建設性，而且具有高生產性的關係為何？

不過，如果成員在價值觀或信念的層級上，不是望向同一個方向，要增加有建設性的對話或許會有困難。

舉例來說，在負責人才培育的團隊中，想企劃體驗講座，加以營運時，如果A喜歡「由上而下的教育」，B喜歡「由下而上的教育」，有這種價值觀等級的落差，就容易產生沒完沒了的摩擦。

如果只有一次，或許其中一方忍耐一下也就能平安無事，但忍耐當然無法持續太久。最後當事人的關係會惡化，團隊的生產性也會隨之低落。

在本章的一開始便提到，主管必須扮演的角色，就是「仔細決定好團隊的任務（願景和策略）」。如果能使其明確化，這種價值觀層級的落差應該一開始就不會發生。

簡言之，如果團隊的任務是「由下而上的教育」，對於無法認同的成員，只能根據前面提到的「適才適所」的觀點，包括人事異動在內，一再的展開有建設性的對話。

附帶一提，在我的公司裡都認為，**如果價值觀和信念一致，便能和客戶構築開放的夥伴關係**。所以一概不會展開直接的「推銷」。

我們所展開的營業活動，始終都是「交朋友」、「建立社群」。具體的主辦與開發人才有關的活動，讓想來的人可以參加。來參與活動的人們當中，當然會有許多商務人士有可能日後成為客戶。這些人在價值觀的層面上已經對我們公司產生共同感，所以可以對他們說一句「可以和您談深入一點的話題嗎？」，展開比一般的推銷更深入的對話。

在這種場合下，不光只是顧問和客戶、業者和客人之間的關係性，而是能真切感受到夥伴間的關係性。

舉例來說，參加活動的人常會主動向我搭話道：

「彼優特先生，今天您的談話真有趣。我們公司有這樣的課題，想和您一起籌辦。」

對我的公司來說，「一起……」是很重要的大事。也就是說，不是B to B，也不是B to C，而是B with B、B with C。業者和業者、業者和客人，以對等的夥伴身分一同行動。**這種開放的夥伴關係，才是最有建設性，而且具有高生產性的關係。**

第四章

「一瞬間」就拉大差距的「團隊時間」運用方法

想得到好的集思，就必須抱持「實驗主義」而不是完美主義

在此介紹一份商業文件（實際是兩張A4紙），上面寫有我經營的顧問公司Pronoia Group的「理念」，以此作為團隊創造出「新點子」的一個成果範例。這是由我公司的一名員工提案製作。

圖表6是其全文。上面所寫的內容也和本書的主題有緊密關聯，所以當然很重要，但我想說的是，這份文件是我和當時的四位成員花了三十分鐘一同製作完成。如果是在大企業裡，要創立理念，光是製作出這麼一份文件，恐怕就得花三個月的時間。

因為對公司來說，這是很重要的大事，所以得花三個月的時間製作。這我明白，但我反而認為這是「完美主義」的弊害。完美太慢了。如同我在前一章所提到的，現今的商業狀況日新月異，是個沒人知道正確答案的

●圖表 6 Pronoia Group 的理念

Pronoia 的特殊性與它能提供的價值和變化
"Pronoia Way" and the changes it can make

特殊性 Pronoia 體現「工作＝快樂」/We play work.

價值 能稍微（類似）體驗到「工作＝快樂」的氣氛和心情

變化 接觸到的人們，對於「工作」會重新定義，為了想工作得更快樂，心態和行動會產生改變

具體特徵
- 不限於公司內外，討論時認真發言，也很常說玩笑話。
- 不光只重視邏輯，交談時也能在對話中加入直覺和情感
- 簡報做得很歡樂　豐富多彩
- 說話口吻輕鬆、說話用語
- 像討論或移動這類的工作時間，也很重視對周遭的好奇心、感性、驚訝這類的感受。
- 可以輕鬆的說出「累死了～」這樣的話。不會有把話憋在心裡的氣氛。

特殊性 Pronoia 看重的不是發現問題，而是適時的實驗一再累積 /We bring timely solutions.

價值 不把時間花在發現問題和分析上，而是早點創造出更好的形式

變化 從減分思考改成創造思考，重視實驗更勝於批判

具體特徵
- 儘管不在計畫內，但還是歡迎了解狀況的適時提案
- 不會「只是」共同擁有問題，不帶有含意

特殊性 Pronoia 完全以平面的關係緊密相連 /We connect flatly.

價值 能體驗全新的上司－部下、女性－男性、公司－客戶的關係

變化 對相互接觸的人們而言，「關係性」的保有方式會重新定義，彼此想保有充滿建設性和關愛的關係，這份態度和行動會產生改變

具體特徵
- 上司和部下能相互信賴彼此，也能互相說出反饋的話語
- 能相互傳達「謝謝」「抱歉」的心意

特殊性 Pronoia 不會表裡不一 /We have nothing behind us.

價值 時時保有明確的關係性，對彼此的愛和信賴不斷增強

變化 就連認為是禁忌的事，也會想藉由有建設性的傳達，來創造出更正向的狀態。會改變成這樣的態度

具體特徵
- 討論前後，勤於率真的共享彼此的感覺和想法

特異性 Pronoia 很重視魅力 /We do it charmingly.

價值 自己心中善良的一面，可以放心的展現

變化 不是為了尊嚴或競爭，而是改變成一同創造的態度

具體特徵
- 提出嚴格的提議時，也不忘夾帶可愛的一面

特異性 Pronoia 超乎人們的期待 /We expect unexpected.

價值 對新的事物、有趣的事、特別的事所抱持的好奇心會被激起

變化 不像過去一樣停止思考，而是開始創造性、批判性的懷疑常識，展開思考

具體特徵
- 在會議途中會刻意開玩笑、調侃，帶來混亂

特異性 Pronoia 不會強迫推銷服務

價值 能放心的待在 Pronoia 的生活圈裡，接受快樂工作的影響

時代。所以速度特別重要。

簡單來說，不是自己一個人作出完美的作品，而是在作品完成某個程度後（例如草稿或試作品），先向成員詢問「我試著作出這個，你覺得怎樣？」。如果大家一起針對這個「試作品」展開討論，就能得到各種建議和反饋。如此一來，就能作出更好的作品，速度也會大幅提升。

這就是我說的「集思」。換言之，要得到好的集思，就必須採取「實驗主義」，而不是「完美主義」。

因此在我的公司裡，大部分工作都是公司員工一面討論一面進行。創立理念時也一樣，雖然只是短短三十分鐘，但當然會針對怎樣讓點子變得更好，而歷經一番率真的意見衝突。

像「工作很快樂吧？」或「迅速執行很重要嗎？」這樣，一面確認，一面回應「我們就提供無法預期的事吧」、「具體來說，這是怎麼一回事？」，以加深彼此的討論。

以內容面來說，連我自己都覺得頗具特色的，就屬**「不會一本正經的談事情，或是完全不開玩笑」**或是**「積極且充滿魅力的說出反對意見」**這項規則。

或許會覺得像是在開玩笑，但其實要提高「心理安全感」，讓人可以放心的無話不說，這是個很有效的規則。

當點子對立時，往往會一時情緒化，而提不出有建設性的意見。即使反對對方的點子，也不該責備提案者，要像「這裡應該可以弄得更好吧？」這樣，以有建設性的言語，對點子提出建議，這才重要。

總結來說，開開玩笑，或是充滿魅力的言語，具有緩和情緒性對立的效果。

如果有心理安全感，就算要撩撥也沒問題

團隊只要有「心理安全感」，主管就能不斷的對成員「撩撥」。

我認為撩撥相當重要。為什麼重要呢？**因為撩撥會重重刺激人們的內心，使人情緒激昂，所以能促成人們擁有跳脫常識的框架，跳脫規則。**

唯有打破僵化的常識和規則，才能造就出革新和改善。換言之，為了提高生產性，必須保有打破常識和規則的思維模式。

舉例來說，我們常看到「因為大家都這麼做」的提議或判斷方式。像這種時候，就應該出言撩撥道：「咦，大家真的都對嗎？」這麼一來，就不會人云亦云，有可能創造出全新的點子。

我和公司的成員展開定期會議（大多是採用 Google 的 hangout 視訊通話）時，也常會這樣撩撥。

「今天的週會沒什麼朝氣呢。怎麼回事啊？」

「咦，我們很有朝氣啊。」

「不對。我指的是想要談論如何讓工作進一步推展的態度。」

在定期會議中，不光只是相互確認最近的業務情況，如果不增加「其他選項」，就沒有意義了。

舉例來說，像「這我還沒做好」、「這樣啊，那請你繼續加油嘍」這樣的對話，根本毫無意義。這樣就是沒朝氣。因為以現在的做法，工作無法往前推進，是因為沒跑好程序。問題應該是出在資訊不足或是沒有權限這類的原因上。如果是這樣，應該大家一起針對可解決問題的選項，提出有建設性的點子才對。

透過和團隊成員的對話，替自己升級

主管能否透過與成員間的對話，來讓自己升級，這對團隊的集思而言是一大重點。

人們透過與他人對話而得到反饋，可藉此學到許多。若光只是在主管研習中聽講師授課，或是閱讀商業書籍，這算不上學習。

在平日與成員的對話中，要回顧自己的過往經驗，調整自己的想法。這每一個瞬間都會是絕佳的學習機會。這對成員來說，當然也是一樣的道理。

主管與成員間的對話中滿是學習的團隊，集思必然會越來越充實，生產性也會隨之提高。

當然了，在對話過程中，越是無暇思考和內容無關的事，就此展開內容扎實的討論，彼此的學習越是充實。

換言之，就算是定期會議，主管還是施加有助益的壓力比較好。前面提到的「撩撥」有促成學習機會的效果。

主管突然提出問題，成員們必須即時說出自己的意見，因此非得時時做好準備來出席會議不可。

這種有助益的壓力，會讓成員參與團隊的態度變得更加積極。而成員也會將定期會議變成內容更加扎實的討論。

為了將每一瞬間的對話，轉化為絕佳的學習機會

「我們的敵人就是此時的我們」，我常這麼想。**此時我們的固有觀念、先入為主的觀念、偏見、妄想、信口胡謅，這些東西都會阻礙我們升級。所以最好持續加以破壞。**為了這個目的，最有效的方法就是和跟我們抱持不同固有觀念和先入為主觀念的其他人對話。

「原來還有這種想法啊」，這樣的發現非常重要。每天不斷上演的對

話，若能將每個瞬間都當作重要的學習機會，時時修正我們的想法，那就會促成很有效率的自我升級。

當然了，就算是定期會議，只要抱持這樣的意識，就能發現我們自己的固有觀念和先入為主的觀念。

不只限於和他人的對話。主管向成員提供建議時，藉由反覆的自問自答，也能得到學習。「現在我所說的話，就只是為了討好成員才說，算是一種追求認同的欲望」或是「我的想法就經營判斷來看，到底正不正確呢」，要時時意識到這些問題，一面加以修正，一面與成員交談。這應該也有助於自己的升級。

談話重質不重量

在團隊會議中，每當有了成果時，主管往往會說一句「好，搞定。這樣就行了。我們回去吧」，擺出很隨便的態度。

原本對於「不能將水準再提高一些嗎」或「這樣就沒風險了嗎」這類的事，應該反覆展開對話才對。

當然了，伴隨行動而來的成果也很重要。但真正重要的，是質而不是量。**降低成果的質，以提高量，這樣沒任何意義。**

在日本的大企業中，引進「引導」和「一對一」方法的公司越來越多，但實際看過工作現場後，我覺得這種手法不是為了展現成果，它單純只用來推動計畫表罷了。

對於成員所帶來的計畫表，以「這個達成了，這個還沒」這樣的態度檢視，一個人花三分鐘的時間就結束，大多都是這樣的討論情形。這種態度根本就是重量不重質。

沒有計畫表時，才是學習的機會

成員帶來某個計畫表。在交談的過程中，得知這計畫表其實全是胡謅。這時候應該說一句「這份計畫表應該可以作廢吧？你再重新思考一遍，明天我們再約時間重談一次吧」，提議重新評估。錯誤的計畫表就算照著進行，最後也是失敗收場，到頭來只會浪費時間。

要重新評估執行中的計畫表，我想，有很多主管會對此感到排斥或不安。可能會擔心團隊的短期效率就此下滑吧。但**如果以長期的效率來看，在沒有計畫表時，能有彈性的加以對應，這是很重要的技能**。這是個學習的絕佳機會，所以主管完全沒必要害怕重新評估。

在計畫主義下，無法提高生產性

在Google，針對**無意識偏見**（**Unconscious bias**），也就是自己沒發現的先入為主觀念、偏見，以及**破除偏見**（**bias busting**），會以所有員工為對象來展開研習。有意圖的教育員工發現自己先入為主的觀點和偏見，並加以消弭。

先入為主的觀念和偏見會表現在各種場面上。前面提到的「非謹守計畫表不可」的念頭，也算是先入為主的觀念和偏見，也就是所謂的鑽牛角尖。

在討論的過程中，會逐漸明白之前的計畫有誤。明白之後，就捨棄鑽牛角尖，展開建設性的修正。當發現自己的前提有誤時，就要馬上捨棄先入為主的觀念和偏見所造就的一切。

在現今變化急遽的商業環境下，憑計畫主義已無法提高生產性。能辨到提高生產性的，是前一章介紹的**「學習主義」**。Google和偏見有關的研習，也是為了貫徹學習主義。

重要的是成果，達到目的道路並非只有一條

當然了，對於主管自己的計畫表，也應該排除先入為主的觀念、偏見、鑽牛角尖，隨時都展開重新評估。

「我是團隊的領袖，所以得在成員面前展現帥氣的一面才行」，抱持這種想法的主管應該也不少吧。這種想法也算是一種鑽牛角尖。這只會阻礙建設性的修正，所以應該盡快捨棄這種想法。

舉個極端一點的例子。有位主管很帥氣的說明道「今天我準備了一份計畫表」。結果成員們紛紛嚷著「主管，不好了！你背後發生火災了！」。但主管仍自顧自的說道「別管那個。你們安靜聽我說我的計畫表」。「可是已經冒煙了……」「少囉嗦！」

都發生火災了，仍繼續談計畫表的事，這種主管實在愚不可及，但事實上，類似的事卻發生在我們日常生活中。

「主管，關於這份計畫表，因為現在發生了這種現象，所以需要多一點時間」，當成員提出重新評估計畫表的提案時，主管回了一句「不行，繼續做！」，仍按照自己先前的計畫持續下達指示。成員心不甘情不願的遵從。這是常有的事。

「我擬定的計畫表不重要。我重視的是你的計畫表」，像這樣的態度，或許看起來顯得很沒主見，甚至顯得很遜。但透過改變自己計畫的重新評估，成員的動機會就此提升。

哪個才是真正帥氣的態度，答案已經很明顯了吧？**要是改變計畫表的方向性，主管反而應該率先充滿彈性的改變對應方式才對。**

簡單來說，重要的是成果，而達成目標的路並非只有一條。對決定好的計畫堅持不改的主管，並未了解這樣的本質。所以一時間會對改變對應方式感到排斥，想堅守舊有的計畫表。

主管重視計畫的心情，倒也不是無法理解。只要堅守舊有的程序，就能展現舊有的成果，會抱持這種經驗法則的想法，一點都不難想像。
但很遺憾，這樣對於包含團隊集思在內的生產性，絕不會有半點提升的助益。

以「創造性混亂」為目標

關於計畫表的變更，主管在判斷時該看重的，還是「經營者的角度」。

現在團隊所做的工作，在整個社會上具有什麼意義？這個團隊所展現的成果，與成員領的薪水總額是否相稱？每個成員能各自成長，完成更重大的工作嗎？**主管必須以這種經營者的角度來看事物，並做出各種判斷。**

當然了，要做經營的判斷確實不易。並不是讀過一本專為經營者寫的商業書籍就能一通百通。

不過，對主管而言，提示遠在天邊，近在眼前。上司是如何看你的團隊，或是上司的上司如何看你的團隊，這都能成為經營者角度的參考。因為他們（她們）會決定是否要撥預算給團隊、是否要雇用人、要讓團隊留下還是廢除。

「創造性混亂」是因撩撥而誕生

我認為所謂的經營者角度，追根究柢，就是不斷的追求「影響」和「成長」。不管在商業的何種局面下，都是影響越大越好，成長越大越好。

例如前面提過「撩撥很重要」，團隊的成員為了都能持續成長，需要撩撥。

藉由撩撥，團隊成為創造性混亂的狀態。當新的點子誕生時，前半段會在很多情況下產生乍看像是胡謅的混亂狀態。換言之，撩撥的行為，是刻意對團隊營造出一個能產生新點子的環境。

團隊一旦處在混亂狀態後，成員們為了早點跳脫出這種狀態，會更加集中精神思考，採取行動。而這也會是促成個人，進而促成團隊成長的重要機會。

跳脫創造性混亂一旦成了習慣，成員們日後不論遇到何種情況，也不會嚷嚷著「真傷腦筋，怎麼辦才好……」，而就此呆立原地，不知所措。「真傷腦筋，不過，還是試試看吧！」「我試著做過了，覺得如何？」就像這樣，成員會就此成為比主管更快展開行動的人才。

不追求「影響」和「成長」的「老菁英」

不過，真正教人頭疼的，是日本大企業往往只會說「如果失敗了，要由誰來負責？」「其他公司怎麼做？」，管理幹部（有時經營者也會！）會擅自想打斷現場商務人士自主性的言行。

這與身為經營判斷核心的影響和成長，完全反向而行。說來真是有夠糟糕。

像這種人，我稱之為「老菁英」。是與創造新價值的「新菁英」成對比的「老菁英」。圖表7是簡單的對照表，在拙作《新菁英（NEW ELITE）》有詳細的說明，敬請參照。

這種老菁英在公司內耀武揚威時，該如何是好呢？說得極端一點，「這種公司還是早點辭職得好」，這是我的想法，但關於我真正的意思，會在第六章的最後提到。

●圖表 7 老菁英與新菁英

	老菁英	新菁英
性質	貪婪	利他主義
期望	地位	影響、社會貢獻
行動	計畫主義	學習主義
人際關係	封閉（歧視）	開放（建立社群）
想法	遵守規則	創立新原則
消費行動	誇耀式消費＊	簡約主義

＊用來讓自己更搶眼的消費。像為了得到社會上的威信而購買昂貴商品的「炫耀用的消費」，也算是其中之一。

出處：《新菁英》（彼優特．菲利克斯．吉瓦奇著）

在短時間內開發新商業模式的新創型領導人，當不了老菁英。因為新創會創造出新的價值，同時為了提供資金給團隊的人們，必須確實的以數字來展現成果才行。

換句話說，新創型領導人不能執著於自己的點子或程序。只能積極的向比自己優秀的人借助力量，臨機應變的追求影響和成長。

希望率領團隊的主管也能擁有這種新創型領導人的經營者角度。

「重視混亂」與「重視常規」並不矛盾

一位在日本某家大製造商裡工作的女性，告訴我一項驚人的發現。

「對公司和工作都不希望有變化的那些老管理幹部們的共通點，彼哥，你知道是什麼嗎？他們都很時尚！」

我重新觀察後，發現確實如此。越是有閒的老菁英，越是時尚。不單只是穿漂亮衣服，還佩戴各種配件，感覺每天都花時間精挑細選。

為什麼會這麼有空閒呢？附帶一提，我的衣服一概都是黑色。原因很單純，因為將時間花在挑選衣服上，太可惜了。白衣也行，但要是咖啡灑了，黑衣比較不會突顯髒汙，所以我統一穿黑衣。因為從早到晚都專注在工作上，不想一一花心思在服裝之類的瑣事上。

時尚的老菁英，大概都只做常規性的工作吧。與我每天開會討論，全是創造性混亂的工作大不相同。常規性工作不會有混亂。所以有多餘的時間可以慢慢挑衣服。

當然了，如果一天二十四小時一直都處在混亂中，也就是處在宛如無法地帶般的狀態下，人一定會疲勞。就這層意涵來看，自己的規則＝常規也很重要。

因此以我的情況來說，**我希望工作不受規則束縛，能自由發揮創意，所以我重視混亂。除此之外，我不想把時間花在多餘的事情上，所以重視常規。**不只限於服裝，常規的工作也盡可能加以「自動化」。

可能老菁英和我完全相反。工作上重視常規。不光只有時尚，就連單純的作業應該也會刻意混亂化，浪費掉無謂的時間。

要提高團隊的生產性，作業的「自動化」不可或缺

我會在第六章詳細說明，**常規性作業的「自動化」，是包含團隊的集思在內，提高生產性的一大重點。**

在每天的工作程序中，一定有成員們覺得「麻煩」的部分。大部分情況下，都是與當事人的技能不相稱的單純作業。要將它自動化，讓當事人能專注在他覺得有意思，並能發揮其技能的工作上。

為了讓成員展現最大的成果，對基本設備、機制、結構加以整頓，也是主管該扮演的角色。

主管展開的指導，是用來「在遊戲中得高分」的教育

主管的指導，算是一種教育。但教育的方法，不是用來在考試中得高分的教育，而是在比賽中得高分的教育。

舉例來說，在取得某種資格時，有幾個已規定好必須牢記的項目，對這些已決定好的測驗問題教導其解答方法，這就是教育。不過，測驗的滿分向來都規定是一百分。不管再怎麼努力，還是無法取得一百分以上的分數。

遊戲就不一樣了。該過關的項目，會陸續出現意想不到的事物。當中從零分開始，十分、一百分、一千分的分數一再累積，**視指導和當事人的努力程度而定，就算取得一千萬分也不是不可能的事。**

簡單來說，所謂的指導，是一起邊交談，邊思考，像在玩遊戲一樣，

每分每秒都要改變對應方式，將當事人的效率引至最大極限。

每一個瞬間的反饋都是勝負，越快越好

舉例來說，當新人加入團隊時，主管該如何教育呢？當然了，公司裡備有新人用的研習項目，裡頭有完備的機制，能讓新人在相當程度下學會工作。這種正式的員工教育也很重要。

不過，光靠這樣，新人當然無法成長。還是要**在平日的業務中，透過與主管對話的累積，他們的效率才會提升**。

舉個例子，如果要交由新人準備資料，不是只說一句「喏，在明天之前做好它」，就把工作完全丟給對方，而是要先詢問一句「我們一起準備吧。這是○○要用的資料，你會怎麼準備？」。

「原來你會這麼做啊。這樣的話，這部分的確能完成，但考量到追加的情況，連同這個也一併準備或許會比較好。你覺得呢？」

「有道理。那麼，要是以關鍵字○○上網搜尋，應該會出現這類的報

導，等看完後我們再來想想吧？」像這樣的對話會不斷累積。

「雖然還不是完美的成品，但我會試著在今天作出一份草稿。」

等草稿完成後，再針對它展開對談。

「哦，挺不錯的草稿。影片很有趣，圖片也不錯。那麼，文字部分這樣改的話，應該會更好吧？」

針對今天作出的成品，直接在今天就現場做出反饋。這點很重要。為了做到這點，只能每天持續對話，也就是指導。我一再提到的「每一個瞬間」，簡單來說，就是這樣的行動。

對成員每一個瞬間的指導，它所產生的影響，是會對成員帶來「主管一直都很關注我」的安心感和信賴感，也就是心理安全感。所以成員的效率會就此提升。

從「反饋」改為「前饋」

我一直使用反饋一詞，但其實我認為**「前饋」（預測結果，事前改變行動）**更重要。

說到反饋，往往會以「哦，失敗了是吧。這裡進行得不順利，而這裡也不順利呢」的對話告終。

其實不該這麼說，而是要像「這次○○的案子，你打算怎麼準備？」「我想這樣準備。」「這樣的話，你是不是忽略了○○呢？如果不先像這樣避開風險，下場恐怕會很淒慘，你認為呢？」這樣，不是「事後」才說，而是在「事前」的對話展開前饋。

當然了，我並不是說不需要反饋。簡言之，**反饋如果沒運用在前饋上，就沒有意義**。

舉例來說，我幾乎每個月都舉辦專為商務人士開設的「未來論壇

（MIRAI FORUM）」，每次都和成員一起以前饋的方式互相出點子。而在活動結束後，每次都會和成員們開檢討會。

「請試著說說看，這次哪裡做得好，哪裡做得不好。」

就算做了前饋，還是一定會有該反省的地方。

「那麼，下次該怎麼做才好？我們一起想想吧。」

當然了，這次的反饋會活用在下次的前饋上。

以飛快的速度來轉動前饋和反饋形成的迴路，成員的效率就能藉此提升。

這也是我所說的「每一瞬間」的行動。這點非常重要。

若處在正念的狀態下，便能專注在對話的每個瞬間

「正念（Mindfulness）」在商務人士間頗受矚目。主要是作為一種透過「瞑想」展開的心智訓練，蔚為流行，不過我的看法不太一樣。

Google的自我開發負責人陳一鳴所創造的「Search Inside Yourself（SIY，探索內在的自己）」，是根據正念所設計的人才培育課程，非常有名。SIY簡單來說，就是冥想、回顧自己的人生、將浮現心中的話語寫下的一種研習，在Google員工之間頗受歡迎。不過，這當中加入了自我中心的想法，我也體驗過，覺得不太對勁。

陳一鳴在他的著作《搜尋你內心的關鍵字：Google最熱門的自我成長課程！（Search Inside Yourself）》中提到「我認為正念是處在真實自我時的內心狀態。不必評價或判斷，只要留心每一個瞬間即可。就是這麼單

純」。如果是這樣，我也有同感。我認為，**留心每一個瞬間，這就是正念的核心。**

很遺憾，日本所說的正念，與其說是對工作有助益的方法，不如說是與個人的生存方式有關的方法，這是它給人的強烈印象。

其實不然，正念是有建設性的對話、有影響力的對話、有學習性的對話，能活用在工作的溝通上。

如果處在正念的狀態下，就能留意對話的每一個瞬間，專注思考如何才能創造出更高品質的選項，就此展開對話。這應該是每位商務人士都在追求的內心狀態吧。

每一個瞬間的影響，都能提高團隊的「靈活性」

每一個瞬間的影響，都有助於提高團隊的「靈活性」。**具有靈活性，就表示是個可以對應各種變化或事故的團隊**。而提高靈活性，也可說是主管該扮演的重要角色。

舉個例子，假設在我們舉辦的講座中，雖然準備了精美禮物，但參加者卻只有三人。這時是否該停辦呢？該不該照樣舉辦為數十人準備的簡報呢？應該還是要靈活的加以對應才對。

不該對突發性的問題做出情緒性的反應（臨時取消），而是要思考如何將現有之物使用到最大極限。也就是每一個瞬間的判斷。應該靈活的思考如何活用現有的資源和立場。

如果是我就會提議「那麼，大家一起移駕到居酒屋好嗎？一邊喝酒，一邊坦率的針對今天的主題討論吧」。

對於主管提出的這種靈活的提議，成員們也能靈活的加以因應，這才是理想的團隊。**而主管自身靈活的言行，也能成為提高成員靈活性的一種不錯的訓練。**

團隊要獲勝，靈活且迅速的指示不可或缺

說到每一個瞬間的判斷，如果想像成是運動指導，或許就比較容易懂了。

練習時，教練會仔細看比賽者的動作。不光只看場上表現情況，也會看其表情，聽其聲音。對每一個瞬間的場上表現部分以及心理部分，一面仔細的反饋，一面提供建議。會妨礙當事人成長的身心和技能的「阻礙」，必須一併加以消除。

但在正式比賽時則一概不提，因為這會造成比賽者的混亂。不過，視情況需要，還是會在休息時下達簡單的指示。這時也需要每一瞬間的判斷。為了團隊獲勝，「你得這麼做！」——像這種靈活又迅速的指示，同樣不可或缺。

而練習時的建議或是比賽下達的指示，比賽者會不會接受，則取決於教練和比賽者之間是否構築了信賴與尊重的關係。

商業團隊的主管與成員間的關係，幾乎也是如此。**反覆進行反饋和前饋，催促當事人發現，使其成長。不過，為了讓團隊的成果提升，會下達明確的指示。**而為了讓一切進行順利，團隊的「心理安全感」，以及主管和成員的信賴關係，會變得越來越重要。

我再重複一遍，不懂得尊重每一位成員，無法信賴成員的主管，他底下的團隊不會展開有建設性的行動。

簡言之，主管平時就要事先和成員建立好能說真話的關係，打造出一支日後遇上重要時刻，能馬上接受主管指示的團隊。也就是說，**為了**

提高包括團隊集思在內的生產性，讓成員能在適切的情況下接受由下而上和由上而下這兩種方向性，這樣的心態不可或缺。

以剛才舉的活動為例，面對我說要將會場改成居酒屋的提議，如果成員的心態無法靈活的做出因應，最後的結果就是想出的點子以失敗告終。

事先讓團隊成員知道自己的「判斷標準」

「成員們都不按照我的想法行事」，這是主管常會有的牢騷。這時候咆哮，做出情緒化的反應，是常有的事。

我再說一次，**真正重要的，是主管在咆哮前要試著好好重新評估，看自己是否與成員之間構築了信賴與尊重的關係**。而主管在下達指示時，重要的是「經營者角度」。如果是採微觀管理，當然展現不出成果。

所謂主管下達的指示，或許就像汽車駕訓班的道路駕駛課一樣。以臨時駕照開車來到外頭後，發現有各種車輛從四周呼嘯而過，路上的行人也相當多。此時基本上雖是由學員開車，不過一旦有危險時，教官會馬上踩煞車。

在構築信賴與尊重的關係上，有時也需要這種嚴峻的一面。

為了不浪費時間，規則絕不可少

不過，若光只是單純的下達指示，成員容易搞混。所以主管最好事先讓對方明白你的判斷「標準」。

以我來說，**在成員與主管討論時，必須讓要求成員的標準成為「下次展開行動的依據基礎」**。

舉例來說，當主管與成員針對成員所寫的草稿展開討論時——

「我寫了草稿，請過目。」成員帶來了草稿。主管看過後，認為那根本就比草稿還不如，內容相當糟糕。這時候該做什麼反應才好，我實在沒有頭緒。

「光是這樣，無法做任何決定。如果需要用到我的時間，你應該得說『我作了A、B、C，不知道哪一個比較好』，或是『我請大家看過了，他們都說OK，所以想請你確認』，請讓你的草稿進展到下個階段的形態後，再拿來給我看」，我下達這樣的指示後，將草稿推回給他。

他想透過討論，從我這裡得到什麼？想得到意見？決定？還是預算呢？與主管討論，如果沒能與接下來的行動有所連結，那就沒意義了。

帶來糟糕的草稿後，「這裡改一下」、「明白」。第二次帶來，「這裡也改一下」、「明白」。第三次帶來後，「好，這樣就行了」、「謝謝您」、「那就朝下個階段進展吧」。這樣團隊的生產性是不會提升的。很遺憾，日本的大企業肯定都是採這樣的溝通方式。

而在 Google，就算帶著提案去見主管，也不會下達「亂寫，重改」的指示，而是回一句「哦，這樣啊」，就此收下。然後因為沒時間，往往也沒有下次的討論機會。因為上司也很忙。也就是說，他們採用的是「你再多加油，等你提出有吸引力的提案後，再跟我說」這樣的推動方式。既然要占用自己上司的時間，如果帶來的不是「能引起上司興趣的提案」，結果只會浪費彼此的時間，這在 Google 是很理所當然的事。

要持續展開「每一個瞬間的學習」，需要「歸零」

我們常聽到「Learning agility」一詞，這是與前面說明的**「每一個瞬間的學習」**很類似的想法。它常被譯為「學習敏銳度」，但我認為它與**「成長思考」**的意思比較相近。雖說是思考，但當中含有行動的含意，而這在打造團隊方面，也是很重要的想法。

現在發生了什麼事，為什麼會發生這種事，要如何將它帶往更好的方向，要一面思考一面向前跑。這是主管和成員要求該具備的技能。

如同我在第三章談到的，商業環境的變化越來越快，而且變得日益複雜。說起來，我們其實是闖進一個不知道「正確答案」為何的世界。

而且拜數位化之賜，科技的成本逐漸下降，不論任何人，任何事，個人的「民主化」都不斷的推進。而像共享經濟所象徵的「不花錢的生意」，也越來越多。

網路有龐大的資訊，每個人都能學習，所以誰都能自行創業。簡言之，個人與大企業競爭，大企業落敗的可能性提高不少。

在這樣的世界裡，**不光只是學習，如何學習變得越來越重要。**因此，邊跑邊學習，展開思考，與邊思考邊學習，向前跑，這種 Learning agility，亦即成長思考，變得越來越重要。

我認為 Learning agility 有「持續學習」的含意。例如學習程式設計，它沒有完結的一天，每天持續學習很重要。尤其是程式設計日新月異，持續學習的態度不可或缺。

不過，我希望各位能注意一點，想要持續學習，必須要**「歸零（Unlearn＝忘掉落伍的做法）」**。要是發現現在的你思考模式老舊，那就要馬上將它刪除，學會不同的想法，嘗試不同的行動模式。這就是 Learning agility，也就是我所說的**「每一瞬間的學習」**。

行動前、行動中、行動後，「回顧」要進行三次

Learning agility很重視「回顧」。在美國的軍隊裡有句俗諺「**Reflection before action, Reflection in action, Reflection after action**」。Reflection意指「深思、反省」，也就是回顧。意思是「**行動前回顧，行動中回顧，行動後回顧**」。

例如在和人見面前，若能先考慮清楚，怎樣接洽會有什麼結果，就能與對方展開有建設性的會面。

然後持續展開對話，好讓現在發生的事能往積極正面的方向邁進。亦即連續的測試。

如果這樣問的話，對方會高興，如果這樣說明的話，對方比較能明白，就像這樣，每一個瞬間都要一面回顧，一面展開對話。

而在面談結束後，同樣也要回顧，想想這樣的接洽方式造就這樣的結果，為了下次能有更好的結果，該怎麼接洽才好。

以團隊的情況來說，「行前會議」就相當於「Reflection before action」。在團隊會議開始前，重新將計畫表看一遍，花幾分鐘的時間回顧，想想它為什麼重要，要如何進行，想在今天的會議中得到什麼。

等會議開始後，就進入「Reflection in action」。不光只有成員間的對話內容，連成員的身體狀況也要考慮在內，以此推動討論的進行。

例如，要是有成員說「我頭痛，腦袋不太靈光」，今天就不要刻意撩撥，以沉穩緩慢的步調交談，臨機應變做出判斷。因為有時會因為身體狀況的好壞，造成結果的改變。

專注在此刻的這個瞬間，一面回顧每位成員發生了什麼事，一面推動團隊會議的進行。為了展開更好的對話，此事非常重要。

要讓團隊更好所不可或缺的「反省」

在前一章我介紹過 Mercari 舉辦反省會的情況。如果有問題，便毫無隱瞞的報告，不怪罪到別人頭上，而且會所有成員一起討論「那麼，為了不再發生同樣的問題，需要怎樣的安排，怎樣的機制呢？」。這也就是

「Reflection after action」的回顧。

說到反省，給人一種負面的印象，但這當然是為了讓團隊變好的必要事項。

在我公司裡，一個月一次會和成員針對團隊的任務、工作內容、團隊的程序，花一天的時間回顧。從「最近情況怎樣啊？」這句話開始，仔細談到「能怎麼改善？」等話題。

對現在想做的事進一步展開深思，想想這件事真的那麼重要嗎？

如果沒那麼重要，要怎麼將它刪除？

要如何多撥點時間給影響力強、學習性高的工作？

現在所做的事，是不是在白費力氣？

和成員一起回顧這些問題。

當然了，我也會請他們盡量向我「請託」。例如遇上瓶頸時，希望我提供怎樣的援助，我們會具體的討論。

團隊想出「更方便工作的內容」，要陸續付諸施行

像**員工體驗**（Employee Experience）這種人事的想法，似乎越來越流行。簡單來說，從員工進公司到退休，在公司裡體驗過哪些事，全面性的看待這個過程，並思考如何創造這些重要的瞬間以及最適合的經驗——就是這樣的想法。

這與由上而下的人事完全相反。所謂的由上而下，是建立法令遵循規則，命人遵從的人事做法。命令員工要對公司遵從。

而**員工體驗則不是這麼做，它著重的是員工在公司裡有怎樣的體驗。**例如以新進員工來說，分發單位的主管會不會向大家介紹他，桌面乾不乾淨，會不會舉辦迎新會，新進員工在體驗方面的質和量也有所不同。

公司對每位員工提供怎樣的環境、工作方式、福利，能讓每個人在每

一瞬間的體驗變好？如何打造一個能讓員工來到公司會覺得快樂、方便工作的職場，這點相當重要。

當然了，就算在團隊的層級下，一樣能提供員工體驗。主管在每天和成員一起工作的過程中，若能整個團隊一起思考怎麼做才會更方便工作，並陸續付諸施行，則不管是怎樣的日常業務，一定也會變得很快樂。

舉例來說，像圖表6（第128頁）所介紹的「理念」，若能所有人都參加一同建立就好了。如果已經有這個理念，就定期重新評估，讓它變得更加簡潔，就像自己口中常說的話一樣，這點很重要。

圖表8是以圖表6的理念簡潔修改而來。開頭字母的「P・I・O」是源自於我的名字「Piotr」。也就是說，我們Pronoia Group的成員想在公司裡實現**「像遊戲般工作（Play work）」**、**「立下先例（Implement first）」**、**「提供意想不到的事（Offer unexpected）」**的體驗。

工作向來都會有吃力、痛苦的一面，也就是黑暗的一面。如何加以消除，可說是主管要扮演的重要角色。

●圖表 8 Pronoia Group 追求的目標「P. I. O」

Play work（像遊戲般工作）

1、不會一本正經的談事情，或是完全不開玩笑。

2、常說謝謝、對不起。

3、要積極且充滿魅力的說出反對。

Implement first（立下先例）

1、不會提案做自己不會實踐的事。

2、自己的 KPI，自己決定。

3、很歡迎全新的失敗。

Offer unexpected（提供意想不到的事）

1、比對方先看出三步遠的未來，做出提案。

2、讓對方混亂，產生新的構想。

3、秉持方針拒絕，提出替代方案。

當然了，這與 Learning agility 息息相關。**成員在邊跑邊學習時，得到何種體驗，這在提高「集思」方面，也顯得越來越重要。**

小事的一再累積，能帶來「快樂」

並不是所有事都這麼嚴肅。以我個人的例子來說，以前我待 Google 時，一位原本在我的團隊裡工作，現在自己在美國經營公司的成員，最近寄以前在 Google 時代的萬聖節照片給我。那是辦公室裡裝飾了橘子樹，團隊成員全都變裝合拍的一張照片。

「真是歡樂的美好回憶，真教人懷念」。讓員工得到許多這樣的體驗，這就是 Employee Experience。

例如主管在成員生日當天一定會買蛋糕，或是出差時一定會買當地伴手禮回來，這些小事的累積，也可說是 Employee Experience。

「公司很歡樂」，意思也就是成員從工作和團隊中感受到共同感。因此，**要求主管該做到的，就是關照。**

想要提高共同感，需要「解讀未來」。如果做這種反應，應該會有這種感受吧，要是經人這麼一說，應該會這麼想吧，就像這樣站在對方的立場思考，解讀未來。這就是關照。

這時希望大家留意的，是絕不要讓員工留下不好的體驗。不會讓人留下痛苦體驗的說話方式和接洽方式相當重要。

換言之，在打造團隊方面，必須時時關心每個成員，例如向這個人這麼說的話，他比較容易自我揭露，如果對這個人這麼說的話，他比較容易想出點子來，就像這樣。

將團隊成員的體驗想作是「旅行」

附帶一提，Employee Experience 據說是源自於行銷的一種想法。行銷理論中，有個名詞叫作「顧客旅程（Customer Journey）」，就像旅程一樣，以此思考顧客是以怎樣的接點和過程來認識商品和品牌，乃至於購買。

顧客是如何與這家公司接觸，而對於他們販售的物品、服務，又是從哪方面感受到必要性、如何調查、去哪家店、哪個網站、如何購買、如何使用、如何丟棄——

從感受到必要性，到購買、丟棄的這整個過程中，思考只要有哪個連接點，顧客就能獲得最好的體驗，這即是所謂的顧客旅程理論。

從雇用到就職、離職的這段過程中，它與 Employee Experience 提供員工重要的瞬間、最好的經驗的這種想法非常類似。

第五章

以「最少人數」創造「最大成果」的方法

因應團隊成員的「特性」，改變接洽方式

在前一章結尾處，我提到「主管必須時時關心每位成員」。以我的情況來說，我會視對象不同，完全改變接洽方式。因為我認為，**為了構築良好的人際關係，包括內容在內，必須採用對方信賴的說話方式和接洽方式。**

例如有位成員向來都精力過盛，總是幹勁十足，「以自我為中心」，老拿自己的事炫耀。對這樣的人，如果只是冷冷的應對，他會覺得你不關心他，所以我方也要提高熱情，精力十足的與他對應。「嘩～這麼厲害！」「謝謝！」總之，只要加以誇獎，就能構築出良好的人際關係。

相反的，如果是態度低調，不喜歡對方大呼小叫，比較靜態的人，就不妨同樣用低調的說話方式。只要保留空白時間，給對方足夠的時間思考，就能展開更好的對話，構築出良好的人際關係。

當然了，主管應該對成員負起的職責，還是不變。雖然對這個人做出

反饋，但對另一個人則沒做反饋，或是給了這個人機會，卻沒給另一個人機會，在職務上絕不能有這種不公平的處理方式。例如在進行人事評鑑時，一定要以同樣的標準來評鑑，這是理所當然的事。

總而言之，**雖然為了構築良好的人際關係而改變說話方式和接洽方式，但主管與成員間「職務上的關係」，若無法時時保持公平，便無法獲得成員的信賴。**

一對一的推行方式，也會因「特性」而改變

在第二章提到，與成員的個人一對一對談，「不是主管的時間，而是成員專屬的時間」，並介紹我在Google的時代，一名女性成員找我談私人煩惱的例子。

一對一對談的推動方式，也會隨著成員的「特性」不同而改變，這點很重要。我在Google時代，每個星期五下午三點半起，會花一個小時的時間，在六本木新城的酒吧裡，與女性成員邊喝紅酒，邊展開一對一

的對談。

當然了，「邊喝紅酒，邊進行創新會議」是出自她的點子。她喜歡嘗試創新，而我只是回一句「好啊！」，就此接受她的提案。

在Google，每個星期五下午五點起，會舉行有餐飲招待的全體會議，名叫「TGIF」（是Thanks Google, It's Friday的簡稱，源自於Thanks God, It's Friday〈謝謝上帝，今天是星期五〉）。由於大部分員工都會參加，所以只要想作是稍微提前放鬆，就算從三點半開始就喝一兩杯紅酒，也不會有什麼問題。

在吧台展開一對一對談很有助益。她準備了各種話題，針對話題腦力激盪，最後造就出各種計畫。

總而言之，不論是一對一對談，還是一般的說話方式和接洽方式，**主管如果能巧妙掌握每位成員想要的是什麼，則每個人的動機便會提高，團隊的生產性也會跟著提升。**

為了掌握成員的期望，一對一對談不可或缺

要掌握成員的期望，一對一對談益發顯得重要。一週用一個小時的時間，對話的題材應該多的是才對。例如工作的進展狀況、公司的人際關係等等，工作以外的煩惱也可以談。

但日本大企業的主管常會這麼說：

「我明白一對一的對談很重要，但我不知道該聊什麼好。」

他們難道沒有好奇心嗎？對人不感興趣嗎？我實在覺得很不可思議。成員們各自都經歷過許多事，而且「此刻就在這裡」。信念和價值觀也各有不同。就算每天見面也聊不完，應該可以輕鬆展開對談才對。

一旦展開深入對方內心深處的對談，對方就會很樂於說出自己的人生故事。正因為這樣，才會有現在的「期望」。如果無法展開這種深入對談，那就不配當一名主管了。

說得簡單一點，不懂別人心情的主管，無法動員自己的成員。

因應對方的「能力」和「意願」來改變接洽方式

此外，也能因應成員的「能力（Skill）」和「意願（Will）」來改變接洽方式，以提高團隊的生產性。

這是以**「情境領導（Situational Leadership）」**而聞名的一種框架。請看圖表9。透過對方的能力和意願的搭配組合，可分成四種模式。

● **委任……**能力和意願都高的類型。不是光定期的誇獎、表示同意就好，要明示品質指標，共同管理風險。

● **鼓勵……**能力高，意願低的類型。讓對方明白任務的重要性和感謝之情，以引導出動機。

● **帶領……**能力低、意願高的類型。須明確出示基本和期待，勤於查看，指導，促使其成長。

●圖表 9 情境領導

		意願(Will) 低	意願(Will) 高
能力(Skill)	高	「鼓勵」 ・讓對方明白任務的重要性 ・讓對方明白感謝之情 ・引導出動機	「委任」 ・定期誇獎 / 表示同意 ・明示品質指標 ・共同管理風險
能力(Skill)	低	「指揮」 ・明確說明目標、程序，以及理由 ・以任務當作成長的機會 ・勤於確認其理解度	「帶領」 ・以任務當作成長機會 ・明確出示基本與期待 ・勤於查看 ・加以指導

● **指揮……**能力和意願都低的類型。明確說明目標、程序、理由，勤於確認其理解度，將任務轉變為成長機會。

所有對象都共通的溝通原則

不過，不管對方是何種類型的人，還是會存在著一種溝通原則，希望主管們能時時留意。

原則有三。分別是**「溫柔」**、**「嚴厲」**、**「魅力」**。

首先是「溫柔」，這是英語的「kind」，也可說是「親切」。不過，「你表現太好了」像這種表面的誇讚，也算是「溫柔」，但光是這樣稱不上「親切」。是什麼地方表現好，要好好給予反饋，這才算是真正的「溫柔」。

接著是「嚴厲」，意思是說，既然在工作上非得展現成果不可，有時「嚴厲」的功能也有其必要。舉例來說，像團隊成員的效率低落時，為了讓成員好好拿出成果，不惜以嚴厲的口吻指出缺點，例如像「○○在期限前還沒完成」，這是主管應扮演的角色。為了在一旦有需要時，能嚴厲的加以指正，「心理安全感」顯得尤為重要。

最後是「魅力」，這或許感覺最為困難。簡言之，這是「是否具有人格魅力」的問題，但就像我在第二章的「能積極展現『自己弱點』的主管才厲害」裡頭所提到的，坦然承認自己的失敗，這種態度很重要。只要是人，都會失敗，如果能站在這樣的前提下，行動自然就會逐漸展現出魅力。

一名主管，團隊成員要控制在七人以內

要和團隊成員一對一好好交談的話，因為有時間限制，所以自然會有固定的人數。

以Google的想法，一名主管能充分照料的成員人數不超過七人。就算特別賣力，也不會超過十人。附帶一提，聽說在Recruit公司，一名主管的團隊成員人數，以六人以內最為理想。

不過，日本公司往往會在一名成員底下，加上一名助手性質的角色，這裡所提到的並不是這種想法。兩人做同樣的工作，生產性當然無法提升。

如果主管底下加上三名副主管，而各個副主管看顧三名成員，這麼一來，就算是十人以上，生產性也能提升，就團隊管理來看，這樣也算有建設性，這是Google所抱持的想法。

七人這個數字，如果單純展開計算，每位成員花一小時的時間進行一對一對談，想在一天之內解決所有成員的份，那就得用掉一整天的時間。要是再增加人數，主管考量到自己未來的情況，若不是無法執行自己的工作，便是得將一對一對談的時間縮減到一個小時以下。

這麼一來，主管便無法充分照顧到成員。

附帶一提，Google 每週的一對一，基本上是五十分鐘，另外十分鐘算是行走移動的時間。此外，像會議之類的時間設定，基本上是設為三十分鐘。我們公司則是以二十五分鐘當作實際的會議時間，剩下的五分鐘則是行走移動所耗費的時間。

以不同類型的三名團隊成員搭配組合

有一套知名的「策略」，叫作**「迪士尼策略」**。華特迪士尼說，他在製作電影時，在點子付諸實現的過程中，他討論的成員會視情況需要而變動。

一開始是和**Dreamer（夢想家）**進行腦力激盪。我們該做什麼，完全不考慮限制，相互激盪出新點子。接著是和**Realist（現實主義者）**討論。如何讓點子付諸實現？現在有哪些事能辦到？舉出能實現的事項，「就以這樣的行動來試試看吧」，列出具體的計畫。

而最後則是和**Critic（批評家）**討論「我擬訂了這項計畫，你們看怎樣？」。會有什麼風險？有什麼負面影響，會遇上哪些阻力？建設性的查出負面要素，首先是這個，然後是這個，真正能讓點子實現的程序就此完成。

簡言之，**隨著團隊會議討論出的主題不同，有時是夢想家類型的人表現活躍，有時是現實主義者或批評家這類型的人做出貢獻。**

成員的心態具有多樣性，能提高團隊的集思

雖說我的團隊也算人少，但**團隊的組成刻意保持了夢想家、現實主義者、批評家的平衡。**

舉個例子，這是當初我想在Google裡引進「ＯＫＲ」（第２３２頁有詳述）的共享系統，而在進行團隊會議時發生的事。在Google裡，這是員工各自登錄ＯＫＲ，可以追蹤其進度狀態的一套系統。

我這位提案人算是位夢想家。而另一方面，擔任助手的女性則是批評家。她總是說「這是不是搞錯了？」「真麻煩」，善意的提出謹慎的指正。

另一名年輕女性成員則是現實主義者。所以我向她確認。「妳怎麼看？會很麻煩嗎？」「嗯，我覺得不錯。大家先使用看看，如果覺得麻煩，

就改用另一套系統，這樣不就行了嗎？」就像這樣，她給了我現實性的答覆。

如此一來，那位持否定態度的女助手也改口說「那就試試看吧」，而不是一直說「不過，這點我還是很擔心」，執著在單純的批評上，會朝實現點子提出有建設性的意見。

為了提高團隊的集思，成員心態的多樣性也相當重要。

為了能讓不同的特性搭配組合，需要規則

此外，**為了展開有建設性的討論，主管帶頭引導顯得非常重要**。是否能視情況需要，有建設性的運用各個成員的特性，這全看身為引導者的主管本身的能力而定。

雖然是用來一起想點子的腦力激盪，但批評家類型的成員卻開始批判道「這行不通吧」，這是我們常看到的案例。

為什麼會有人採取這種不需要的行動呢？因為主管沒做好引導。只要先做好事前說明「現在是想點子的時間哦」，應該就不會出現這種沒生產性的批判。

「從現在開始，大家一起想點子，再從中選出最好的點子。所以不要批判，盡可能多想些點子。」一開始就先明確傳達現場的「規則」。如此一來，「哦，這樣啊，現在不是批判時間，是想點子的時間」，所有成員便能有共通的認識。

儘管如此，要是出現起點論的批判，又該怎麼辦？這時候要是情緒化的加以制止，會有反效果吧。

「我明白了。如果你不贊成，待會兒我會撥時間給你，到時候你再跟我說。所以現在先試著想一些正面的點子。」

只要像這樣，以平靜的口吻請對方配合即可。然後改天再找個機會針對起點論的主題召開團隊會議，履行承諾。主管要博得成員的信賴，這樣的後續處理很重要。

不要當一個連團隊的日常業務也一手包辦的「球員兼教練型主管」

在自己的團隊裡扮演主管的角色，這是理所當然，而主管自己也在更上一層的管理團隊中，有他該扮演的成員角色。而這個層級的工作，正是主管本身的工作。

在日本常可聽到「球員兼教練型主管」的說法。**在Google裡，大部分的主管都是球員兼教練型主管，但和日本的意思不太一樣**。他們幾乎不會像日本的公司那樣，處理自己團隊的日常業務。

在Google，假設有位底下掌管五名部下的主管，他的同事便是隔壁團隊的主管，底下同樣有五名部下。換言之，是同樣Function（功能、職務），不同Location（位置）的主管。這種主管有五名成員，以整個團展開行動。

這樣的結構，就連高層也一樣。簡言之，**就算是看起來像貫徹個人主義的Google，也不會有「獨行俠」**。因為以獨行俠的作風工作的人，向來評價極低。

換句話說，同層級的主管之間感情融洽，會取得團隊的一致意見，一起創造成果。當然了，主管本身的OKR和「20%的法則」（在Google，對於自己工作以外的計畫，如果是在簽訂的契約時間20%以內，可自由參加）也是在這個層級下進行。

附帶一提，主管本身的心理安全感是由更上層的團隊主管培育。

所謂Google流的「球員兼教練型主管」

對於日本式的球員兼教練型主管，我覺得大有問題。

在日本被稱作球員兼教練型主管的，指的應該是「要照顧整個團隊，又要做和團隊成員一樣業務的商務人士」。

而且採這種工作方式的團隊主管占絕大多數，所以主管的工作就是這麼回事，給人「球員兼教練型主管就是忙」的強烈印象。

Google的團隊主管當然也是球員兼教練型主管。而且忙碌程度不輸日本的主管。不過，**當中決定性的差異是「不會和團隊成員做同樣的業務」**。我再重複一遍，所謂的球員兼教練，如果是股長，就只限於股長層級的團隊工作，如果是課長，就只限於課長等級的團隊工作。

為了主管團隊，也會負責寫議事紀錄、擬企劃書等業務，但對於自己底下的團隊，則會像本書所說的，只做「管理」的工作。

問題在於，既然同樣忙碌，到底何者的工作方式比較能提升生產性，提高商務人士的技能和資歷呢？

就這層意涵來看，我認為日本的球員兼教練型主管與部下做同樣的日常業務，這種工作方式是嚴重的錯誤。

成為「最佳組合型主管」吧

日本式的球員兼教練型主管，其最大的問題點是在這樣的形態和意識下只能採取和現在一樣的工作推展方式，幾乎無法期待他能提高生產性。

不管何種團隊的任務，追根究柢，就是「能創造出何種價值」。就像我一再重複說的，思考如何在短時間內，以便宜的成本讓價值呈現出大幅的成果，這是主管重要的職責。

我在前一章也提到「今後的主管，都要求得要活用公司內外的所有資源，創造出最佳組合」。

也就是說，**如果不是一個能重新思考所有程序，大膽委託業務，善用科技的「最佳組合型主管」，就無法大幅提高生產性**。

「這項工作，要有五名部下才辦得到」，像這種思考停滯的作風，正是日本式的球員兼教練型主管的寫照。

其實不該這樣，而是要時時思考如何讓人才、科技、程序能最佳化，例如說「加派顧問吧」、「加派派遣員工吧」，或是「以群眾外包試試吧」。這就是最佳組合型主管。

日本式的球員兼教練型主管，往往會陷入「如果是有五名成員的團隊，就要五個人全部用上才行」這樣的思維。

但仔細看過後發現，有人創造不出任何價值，對他來說，待在團隊裡的時間毫無意義。如果是這樣，還不如將他調往其他團隊，在那裡有所貢獻。此外，只要採用科技，改善程序，或許三個人就能完成工作，而不需要五個人。

減少團隊人數，可降低成本，而以公司整體來看，也能透過成員的變動，更有效的活用人才，所以有助於提升生產性。

此外，藉由業務委託或引進科技，在時間上有餘裕的成員應該就能朝價值更高的工作投注心力。

正因為要培育部下，所以才挑戰其他工作

我曾在Google統籌亞太地區的人才培育，因此以該地區代表的身分加入全球團隊。我的同事是歐洲和美洲區的人才培育統籌者。換言之，我是在全球團隊人才培育高層擔任主管的團隊裡，以一名成員的身分，扮演球員兼教練型的主管。

舉例來說，我所投入的工作，是擬訂全球人才培育策略。以亞洲區高層的身分，與自己的部下討論，擬訂亞洲策略，並與歐洲的高層和美洲的高層一同擬定全球策略。此外還有許多無法委由自己部下處理的工作，例如人才配置、薪水和獎金的分配方式等。

不過反過來說，在亞太地區，能指派部下處理的工作，我都盡量指派下去。因為如果不這麼做，原本我在全球團隊該做的工作將無法處理，這樣沒辦法提高生產性。此外，我指派工作的部下，他們的技能和資歷當然也會就此提升。

反觀日本式的球員兼教練型主管又是如何？**只要和自己的部下做著相同的工作，公司整體的生產性非但無法提高，而且也無法培育優秀的部下成為「下一位主管」**，不是嗎？

不可將成員當作助手來使喚

「商業團隊要像體育隊伍」的概念我已經提過了好幾次。若照這樣的比喻，日本式的球員兼教練型主管感覺就像是在足球比賽中，教練和球員在場上邊跑邊踢球的意思一樣，但這本就是不可能發生的事情才對——

教練的工作是：比賽時，在場外監看並指示球員怎麼去做；練習時，協助球員如何將球踢得更好。為了球隊能夠奪勝，擬定好的戰術、建立球員良好的同儕關係。球員與教練的工作內容截然不同，這是再理所當然不過的事了。

總而言之，**團隊主管的職責並不是進行現場作業。**

但在日本的公司，把成員當作助手使喚，自己待在現場工作的情況仍舊是現在進行式。

僵化的團隊特別弱

在Google裡，在20％的時間法則下參加的實驗性計畫，一旦成功成為正式的計畫，常會有其他團隊前來挖角，詢問「要不要以100％的時間加入我們」，或是組成新的團隊。

簡言之，**視點子和任務而定，成員會增加、替換，或是重新設置，這就是團隊**。

反過來看，僵化的團隊特別弱。厲害的團隊不光能聚集成員，也會聚集像20％法則的參加者這樣的支援者。

例如Pronoia Group，它並非全是由公司員工組成的團隊，也有公司外以兼差的形式參與的人提供支援。其中一人自己主動對我提到：

「和彼哥一起工作，能提高我的品牌能力，所以就算無酬也無妨。不過我希望你能印我的名片，還有訂立一週工作幾小時的合約。」

也就是說，他希望和我工作，所以要我安排他工作。像這樣的支援者就算什麼話也沒說，也還是會為團隊努力。

雖然我公司裡沒這樣的人，但是對團隊抱持「不知道我在這個團隊裡該做什麼才好」或「團隊根本不重要。我只要自己做好工作就行了」這樣的想法，工作效率低的人，確實存在。有想對團隊做出貢獻的支援者在，會對既有的成員帶來良性刺激。

主管的功能是提高團隊整體的品質。一旦團隊僵化，品質只會往下降，不會提升，應該要這麼想才對。

團隊僵化也會在品牌管理方面造成負面影響

之所以想在這個團隊裡工作，是因為這個團隊的品質高。也可說是拜強大的品牌力之賜。這不只限於個人或公司，對團隊來說，品牌管理也非常重要。

從品牌管理方面來說，團隊的僵化也算是負面影響。

舉例來說，儘管心裡想「我們團隊的氣氛真是一團糟」，但還是無法改調到其他團隊時，這位成員就無法保有驕傲，工作上會產生怠惰，最後將會辭職離去。團隊的氣氛會越來越糟，品牌力也變得低落，就算想補充新的成員，也沒人想加入團隊。

換句話說，團隊的品牌管理會因為團隊僵化而受到妨礙。只要有一套能改調到其他團隊的機制，應該就不會產生這種惡性循環。

比起「文化契合」，「文化添加」更重要

我認為過去的**「文化契合（Culture fit）」**（我們是一家這樣的公司，所以只雇用這樣的人，這就是我們的用人方式），最好別再沿用了。這也算是一種僵化。

要改變這種做法，換成消除界線的**「文化添加（Culture add）」**（召募可以為公司添加新文化的人才，採取這種用人方式）。把公司想作是一個團體，只要能讓各種人因為各種原因，為了各種目的而加入，這樣就行了。

現今的時代，商業環境的變化速度快，能加以適應的厲害公司，就具有這樣的靈活性。

團隊的群眾外包越來越重要

假設在我的公司裡要請一位支援者幫忙品牌管理。就算沒提供高額的薪水，但支援者若能善用各自的資源，在短時間內展現成果，那應該是很有意思的事。

利用日本的「Crowd Works」或美國的「Upwork」等群眾外包仲介服務，已逐漸變得理所當然。此外，就像有不少人會對 Pronoia Group 提供支援一樣，擁有高超的技能，積極投入「兼職」工作中的人才也越來越多。

也就是說，如今在商業的推動上，團隊的群眾外包顯得越來越重要。由於團隊可以採群眾外包，所以當主管想解決某個問題，或是想推出某個商品時，不該是以固定化的團隊當前提，而是要聚集成員以外的支援者，打造一個「最佳組合」才對。這麼一來，團隊的品牌力就能確實的提升。

附帶一提，我參與經營的 Motify，雖然還只是家小小的新創公司，但成員散布世界各地，除了東京外，巴西、越南、日本三重縣也都有我的成員。國籍也很多樣，有巴西人、波蘭人、越南人，以及日本人。

打造前例，以自己當範本

我想，還有很多公司不曾嘗試過群眾外包，不過我希望看過這本書的各位一定要成為「前例」。

在領導能力中有個很重要的一點，那就是**「以身作則（Lead by example）」**，這是打造前例，以自己當範本的一種想法。首先，自己如果不邁步踏向新的道路，就不會有在後頭跟隨的支援者。

以常用的比喻來說的話，就是「當帶頭的企鵝吧！」。成群的企鵝，當帶頭的第一隻企鵝冒著風險跳進海中，就會陸續有企鵝跟著跳進海中。所謂的以身作則就是這樣。

不過，其實帶頭的企鵝不是自己跳海，似乎是在後方企鵝的推擠下，不得已掉入海中，所以在後方推擠的第二隻企鵝，或許才稱得上是「真正的領導」。

例如蘋果的兩位創辦人，史蒂夫．賈伯斯和史帝夫．沃茲尼克的關係。當初創業時，沃茲尼克顯得猶豫不前，是賈伯斯硬邀他加入。最後賈伯斯成了帶頭的第一隻企鵝，但原本他是像第二隻企鵝那樣的領導人。

不管怎樣，如果主管能像帶頭企鵝一樣時時展開行動，則想和這個人一起工作，想支援他的第二隻企鵝、第三隻企鵝，就會陸續出現。

「黑幫化」的領導人特徵

不過**有一點要特別注意，也有一隻帶頭企鵝，不是讓團隊為工作運作，而是想讓團隊為他運作**。我把這種主管所率領的團隊稱作「黑幫」。

黑幫主管的特徵，就是愛吹噓、愛發牢騷。例如，這種人總是很激動的說著「我的團隊很厲害對吧。你看隔壁那個團隊，他們根本都不工作」這類的話。此外，在某個層面又特別會照顧人，總是說一句「大家一起去喝酒吧！」，結黨營派。

而黑幫主管往往會帶走成員，自行創業。這是外資公司常有的案例，已司空見慣，但創業成功的黑幫幾乎沒有。他們在工作上確實有能力，但還是一樣只為了自己而讓公司運作，所以會逐漸失去周遭人的信任。

尤其是在日本，這樣絕不會成功。始終都以自己為軸心，不在乎對方是否這麼希望，一再重複自己所重視的溝通，像這種黑幫主管總以為他周遭只要能聚集對他唯命是從的人就行了。

我認為**重視眼前對象的溝通方式，亦即利他主義，是日本人特有的長處。**這種與利己主義的黑幫主管完全反其道而行的精神和風氣，也就是他們在日本無法成功的最主要原因，不是嗎？

與「未來」和「革命」很搭調的組織

請看圖表10。這是我針對組織的結構，以我自己的方式由下而上依時間序列所整理而成。像黑幫、強盜、海盜這類的犯罪集團，儘管現在仍舊存在，但它們是最原始的組織。這些組織是以暴力型的恐懼來支配沒有法紀，或是法紀無法顧及的混沌世界。絕對至上的權力者，在最高

●圖表 10　各種組織的特徵

的位子上君臨天下，讓下屬服從，以此維持組織的運作，只追求自己的利益。

而比較進步的領域，則配置了公所、學校等行政組織。這是藉由既有的序列，亦即等級制度來管理的金字塔型組織。組織應該發揮的功能，會受法律限定，彼此不會相互競爭，相當穩定。

大型企業也算是金字塔型組織，組織決定好目標和策略，追求利益和革新。會與其他公司競爭，也會背負社會責任。

而更高一層的組織，像矽谷的公司便是。以共通的目的、價值觀、忠誠度來維持。比起策略，公司風氣（＝文化）更重要。雖然重視利害關係，但還是以顧客為核心。

Google、Airbnb、Mercari應該也能算是最新的領域。這是抱持著貢獻社會的任務和願景，想讓社會變得更好，與「未來」和「革命」很搭調的組織。懷抱熱情，想創造出新事物的人們，會逐漸聚集在一起。

透過數位化，知識的民主化大幅躍進，如今已是個平面化的世界，亦即個人意見更加受到重視的世界，這樣的組織才適合現在的世界。

今後如果不是符合這種最新領域的組織，社員一定不願意跟隨，支援者也不會增加。就這層意涵來看，支配成員，讓團隊為自己運作的黑幫主管，已無法提高生產性，最後一定無法展現成果。

具體呈現類似FB的世界

我認為，作為一個「個人意見受重視的平面世界」，FB就是個簡單易懂的例子。在年輕的商務人士中，有許多人認為比起工作，還不如用手機玩FB來得有趣。

為什麼FB這麼有趣？也許是因為那是個沒有等級制度的平面社群吧。而且是公開開放，可以隨時確認誰正在做什麼。只要看自己感興趣的事即可，自己想發言時，隨時都能發言，就是這樣的世界。

我想，在圖表10裡位居最新領域（新組織）的公司，都是採取像FB那樣的說話方式。

如果有一家公司可以具體呈現像FB的世界，則優秀的人才會不斷聚集，員工也會覺得工作有趣而持續下去，所以應該能有飛躍性的成長。

在前一章提到「員工體驗」非常重要，但如果是一個像FB般的團隊，就能對員工提供各種充滿魅力的體驗。

前面曾提到，Google一週會舉辦一次全體會議「TGIF」，這也可說是像FB般的平台。

每週舉行TGIF時，社長會向所有員工發表與公司的任務和願景有關的重大訊息，不過每個人都能直接向社長發問，它就是這麼一套機制。當然了，採取這樣的溝通後，參加者彼此會交換意見，加深公司內的溝通。

我還在Google工作時，有一份東京辦公室全體員工的電子信箱清單，每個人都能自由的向所有人公告。一般員工也能不必經過上司許可，便直接發送像「我想做○○，請大家幫忙」這樣的訊息。這確實很像FB的風格。

附帶一提，我參與經營的Motify，提供公司內部的社群網站，以支援平面的溝通以及打造社群。

成員之間的關係如同「玩伴」

「商業團隊不是家人，與體育團隊比較相似」，我前面已重複說過幾次，成員之間的關係，可說就像「玩伴」。

就算是立場被動，只會提出要求的孩子，也保證能加入家人的行列。雖然自己什麼也無法提供，老是做壞事挨罵，但父母還是會作飯給孩子吃，還會給零用錢。

玩伴就不同了。孩子在外面交朋友時，如果不遵守和大家和睦相處的規矩，就沒辦法一起玩。要是打架，就會被趕出玩伴的圈子外。

換句話說，孩子**與玩伴共處時，會無意識的採取比和家人共處時更有建設性的行動**。

孩子會對家人放聲大哭、踢東西、惡作劇。但是對玩伴如果也是這種任性的態度，則很可能會大打出手，就此被趕出玩伴的圈子外。所以孩子們自有一套規矩，會視「場合」調整自己的行動。亦即從要求改為提供的心態調整。

就這層意涵來看，ＦＢ風格的團隊或許就是建立在提供基礎上的遊戲場所。

以「減法的評價」導引出好的結果和行動

雖說是「遊戲場所」，但是對成員執行合理的「評價」，也是主管必須扮演的角色。

主管對成員的評價，例如營業，達成營業額目標當然很重要，但是像「如何販售」或是「如何與顧客接洽」這類的行動基礎，也是評價的對象。

當然了，公司內的行動也是評價對象。雖然確實提高了營業額，但是沒建設性的態度對周遭人帶來負面的影響，像這種情況就會降低評價。

在Google，這種依據行動來評價的方式，可說是從100%開始進行減法。「能進Google的人，完全都採取這種行動」，因為抱持這樣的期待，所以如果達不到標準，評價就會下降，很單純的想法。

當然了，主管對於做出此等評價的情況，必須讓成員明白。「營業額提升，在團隊裡也都表現不錯，一般來說，應該獲得評價5才對，但隔壁的主管提出報告，說我們的團隊總是在爭執，我們的成員顯得很苦惱。所以評價由5降為4。如果不採取有建設性的態度，沒辦法拿到好評價」，就像這樣。

簡言之，主管除了根據OKR（請參照第232頁）做出反饋外，還要再根據行動，對成員做出反饋。在Google是否能做出這樣的反饋，與主管本身的評價有直接關聯。

為了謹慎起見，在此先確認一下，所謂的反饋，並非只要告訴對方「你是〇〇」就行了，如果不能帶來好的結果或是行動，便沒有意義。也就是說，反饋和指導是一體的。

團隊所創造出的結果，也要給予公正的評價

不光是對成員個人，對團隊全體做出評價，也是主管扮演的角色。到底是某位特別成員創造出的結果，還是團隊創造出的結果，主管必須看清楚真相，做出公正的評價。

例如營業團隊，如果是打電話給顧客個人展開銷售，則負責人個人的能力影響重大。而另一方面，如果是長期負責法人的案件，像客戶經理這樣的業務員，則應該時時與其他成員一起合作，推動大型的企劃案。

也有像產品專員這樣的成員。他們負責製作簡報資料，交給負責的業務員，並吩咐他們「我作了這份資料，到時候請這樣做簡報」，不會一同前往現場。不過，結果卻能提升營業額。

總結來說，如果是懂得掌握每位成員的工作內容和職務分配的主管，就會將個人成果占百分之多少，團隊成果占百分之多少，加以數字化，能明確區分出成員與團隊的成果，給予評價。

第六章

能大幅提高生產性的機制建立方法

「定型機制」沒有意義

常有人找我諮詢，說「想引進像 Google 那樣的人事制度」。我認為這是個笨主意。就算是再成功的模式，若是直接將其他公司的「機制」套用在自己公司上，也不可能一切順利。

像人事制度這種讓公司組織發揮功能的機制，是從公司的任務、願景、商業模式反推回來所建構而成。

假設要思考如何經營咖啡廳。首先要思考「咖啡廳要為世界帶來何種價值，來提升其營業額呢」這樣的大框架。如果沒想好這點，就不會有下一步。

接著決定好「要建立一個能歡笑聊天的場所」。然後思考店面要採怎樣的設計、播放怎樣的音樂、讓成員穿怎樣的制服、成員該以怎樣的動作和說話方式與顧客接洽才好。

公司的人事制度也一樣。要雇用怎樣的人、如何培育人才、如何評價成果、要使用何種工具？像這類的事，員工們是如何看待，公司又會創造出何種價值，隨著這些情況的不同，最適合的人事制度也會隨之改變。

在建立法規手冊前的必要事項

順便提到公司法規（這也算是一種機制）。雖然有些負責人會想要有明文化的雛形，但我認為沒這個必要。

比起交付內容瑣細的公司法規教科書，說一句「請遵守上面的規則」，加以指導，還不如簡單的說一句「性騷擾絕對不行」或是「亂花錢絕對不可以」，透過大家每天根據行動和價值觀展開的對話來理解，這樣才有意義。

說到性騷擾研習，這可不是去上上課就行了。「抱持敬意來對待對方」，這是日常應有的行為，不分男女，不是在講座上聽講就行了。像「不能這麼做」或是「別開黃腔」，必須在製作法規手冊前，就馬上現場督促人們改善行動。

那些只想著要引進新電腦系統（就像機制本身）的負責人，也是類似這種情況。

舉例來說，就算是最新的會計軟體，但如果一樣得大量輸入麻煩的資訊才行，還不如直接把單據交給會計部比較快。如果親手轉交的生產性比較高，那就沒必要刻意引進麻煩的會計軟體。

為了謹慎起見，我先聲明一點，我的意思並不是說「沒必要建立機制」。倒不如說正好相反，越是一家好公司，越會秉持「機制化＝自動化、模式化」的原則。

換言之，希望各位一面參考Google的例子，一面積極的思考什麼是對自己團隊最適合的機制，這就是我在本章的提議。

以「自動化、模式化」來提高團隊的心理安全感

Google很喜歡自動化、模式化。

藉由科技使工作自動化，這是理所當然，不過和員工的行動有關的事，往往也都經過模式化。

上一章介紹的每週TGIF、每個季度的OKR、與主管的一對一對談等，成了每個人都懂的簡單機制，亦即「自動化、模式化」。

例如OKR的更新，已完全系統化，整個團隊都以「Google Document」共享，成員隨時都能讀取。「我是這樣處理工作」「那件工作正如此進行中」，如果成員全都共享這些內容，成員之間就不太會疑神疑鬼，產生「那傢伙是在打混吧？」這樣的猜疑。

就這層意涵來看，自動化、模式化也有助於提高團隊的心理安全感。

此外，**Google改善不良機制的速度也非常快**。例如會計部要是覺得「這個會計軟體不好用」，馬上就會針對是什麼原因造成它不好用，展開驗證，對人的行為或系統展開重新評估。新的機制測試一個月左右，如果沒有效果，就再改換另一個，這是每個部門常有的情形。

思考如何打造團隊機制的前提

那麼，團隊的程序和任務又該如何機制化（＝自動化）、模式化呢？

首先，我們先針對之前說明過的各種主管應扮演的角色，做個簡單的整理吧。在思考如何打造團隊機制時，這會是重要的前提。

①「打造安全的職場」

②設定團隊目標

③評價效率

④人才培育

⑤以團隊代表的身分行動

①是守護成員的心理安全感，這是打造團隊最重要的基礎。②是公司的任務和願景的「落實」。必須以主管為中心，和成員一起決定。

關於③，希望大家別誤會，這裡所說的評價並不是「為成員評分」的意思。主管對成員所做的評價，如果沒定期向當事人反饋，就會失去意義。這是為了讓當事人明白他是否朝設定的目標（＝OKR）邁進，引導出成果。

針對④，我已一再談到指導的重要性。⑤的意思是團隊的評價便是自己的評價。

如果不依據這五個主管應扮演的角色，來思考團隊需要怎樣的機制，那就沒有意義了。

當然了，如果是業務得這麼做，如果是工程師得那樣做，如果是會計又得這樣做，會因為工作而有所不同。此外，雖然同樣是工程師團隊，但一樣得看它是創造革新的團隊，還是守護安全的團隊，而有所不同。

舉例來說，如果是會計，重要是避免疏失、遵守規則。所以比起喧鬧的職場，一個安靜、能集中精神的環境更適合。如果是工程師，則會有一個人集中精神作業的時候、和大家一起討論的時候，所以需要能區分使用的環境。

當然了，**不管是哪種工作，設立機制的目的始終都是「為了守護成員的心理安全感，同時創造出好的成果」**。

例如Google的工程師團隊，已成了一套「提早失敗的機制」。姑且先試著作出程式，失敗後大家一起學習。是如此一再反覆的機制。

換言之，在向客戶提交前先明白問題點，這非常重要，失敗不會對心理安全感構成威脅，這是創造好的成果所不可或缺的要素，這樣的想法落實得很徹底。

一開始就算是未完成品也沒關係，做就對了

決定好團隊的目標，要如何達成，得視主管和成員而定。當然了，會希望盡可能以低成本展現出具有大影響力的成果。就是為了這個目的而建立機制。**以低成本來說，Google 有句口號，叫作「Be scrappy」。**

Scrappy 的意思是 Scrap ＝廢料、殘存物。就算是未完成品也無妨，可使用最便宜的東西，或是蒐集既有的碎片，試著做就對了，就是這樣的想法。這是用來提高成本效率，一再展現迅速動作的一句口號。Google 的工程師團隊提早失敗的機制，正可說是「Be scrappy」的代表。

先試著做做看，然後馬上「回顧」

先試著做做看，然後進行第四章介紹過的「回顧」，這樣就行了。

包含「自動化、模式化」在內，對於人、科技、程度的最佳化，我們公司成員每個月聚會一次，花一整天的時間回顧「我們現在做的事有意義嗎？如果沒意義的話，我們該做什麼好？」。

「是否提供了顧客我們所保證的價值」，從這樣的確認開始，展開各種討論，例如「職務分配是否正確？」「學到的是什麼，有什麼發現？」「能建立怎樣的機制？」。

在Google則是平均三個月實施一次。例如各地區的負責人（我是這個團隊的成員之一）一起集訓，展開回顧，徹底討論。當然了，**比起定期舉行這樣的回顧，還不如以「每一個瞬間」來施行。**

看成員們的行動，確認是否已展現出團隊該創造的結果。如果還沒展現結果，就該根據日常的行動，看要做怎樣的改變。有時問題不是出在程序，而是主管自己的行動阻礙了成果。

為了追求人、科技、程序的最佳化，必須時時回顧，加以改變。

因為有清楚的「團隊目標」，所以能造就機制

團隊主管有個很重要的職務，那就是「根據機制來建立成員的行動」。也就是說，**主管必須做出判斷——「我們是為了達成這種成果的團隊，所以大家要是像這樣工作，就會有結果」**。

但很遺憾，許多日本企業的主管給人的印象是，始終都無法清楚決定出「團隊目標」，就只會說「就以這樣的機制來執行吧」，根本就只是拿手冊給成員，什麼也不做。

在這種做法下，成員工作起來絕不會有生產性。若不先決定好目標，朝目標邁進，對人、科技、程序都安排出一套機制，便無法展現出多大的成果。

從掌握「公司的商業模式」開始

那麼，為什麼日本企業的團隊主管無法決定出「目標」呢？應該是因為不明白他們自己想創造的價值為何吧。所以才會無法自發性的對價值展開思考和行動。換言之，**這存在「心態」的問題，得在業務形成機制之前就先改變**。

儘管如此，卻有許多商務人士認為，只要採用從外部引進的機制就能一切順利，生產性也會就此提升，這是為什麼呢？

人事負責人常問我：「其他公司都是怎麼做？」

我不懂，知道之後又有什麼意義。就舉汽車製造商來說吧，SUZUKI就算模仿保時捷的機制也沒意義吧。因為製造跑車的保時捷和製造自小客車的SUZUKI，其品牌形象迥異，顧客的需求也不一樣。

這也不是業務機制的問題，而是想法框架的問題。**因為無法清楚掌握自己公司創造出的價值，也就是公司的商業模式，所以才無法說「這家公司需要這樣的機制」**。

以「OKR」設定每個成員的自發性目標

商業團隊的成員為了展現更好的成果，會提供最好的效率，但用來達成這目的的重要機制，就是每位成員自發性的目標設定——「OKR」。

好的OKR條件

在設定OKR時，有以下五項重點。

① **將大局角度的策略目標，與能估算的具體目標搭配組合。**

② **提出野心……**因為有個達成度只有70％左右，但做得很好的OKR，而能判斷出什麼是達成度100％，但品質卻很差的OKR。

③**全員一起實踐……**公司內所有員工都實踐ＯＫＲ，以面談的方式定期回顧。

④**ＯＫＲ≠評價……**不以ＯＫＲ的分數當作「直接評價」，員工藉此坦然回顧自己的效率（不過，視情況安排，也能運用在評價上＝請參照下頁的❹）。

⑤**ＯＫＲ會鎖定在帶來最大影響的目標上……**不將所有業務全攬過來，只鎖定在應該特別投注心力的領域，這樣也無妨。

此外，ＯＫＲ必須得「ＳＭＡＲＴ」才行。

所謂的ＳＭＡＲＴ，是設定目標時的重點，是廣為人知的一套機制，含意如下。

- **S（Specific，具體的）**……全力投入哪件事，每個人都看得出來。
- **M（Measurable，能估算）**……能數值化，能估算。
- **A（Attainable，能達成）**……設定一個只要努力就可能達成的目標（太簡單或太難都不行）。
- **R（Relevant，關聯性）**……與組織或團隊的目標有關聯。
- **T（Time-bound，期限）**……設下期限，在期限前達成。

此外，在運用OKR時，必須注意以下幾點。

❶每季度的一開始，經營高層要設定公司的OKR，員工要讓它和自己的OKR一致。

❷ＯＫＲ要公開，讓任何人隨時都能看到。

❸定期以一對一對談的方式回顧，並養成習慣。

❹因應目的，使其與評價制度搭配組合（舉例來說，如果重視成果，就將達成分數反映在評價上，如果重視態度，就將投入的態度數值化，加在評價上）。

❺以整個組織來支援，造就出也會和其他成員的ＯＫＲ有關聯的文化。

基本上，ＯＫＲ雖然會考量到由上而下的方式所決定的「ＫＰＩ」（重要業績評價指標，舉例來說，如果是業務，就會看營業額的目標金額、拜訪客戶的次數等等），但每個季度都是以由下而上的方式來設定。而且ＯＫＲ是以重新評估和調整為前提。

我在Google的時代，在每週一次的一對一對談中，會和成員聊到「這個ＯＫＲ你覺得如何？」，當我發現ＯＫＲ已失去意義時，便立刻捨棄不用。

ＯＫＲ與經營高層所設定的大任務有緊密的關聯。雖然是採由下而上

的方式，但無法跳脫出這個框架。

「我們就是這樣的公司。而你會做出什麼貢獻？」面對經營高層這樣的提問，員工的答案就是OKR。當然了，答案＝OKR，這並非只限於個人層級，在團隊層級、部門層級下，也必須做出決定。

也就是說，現在成員所做的工作，與公司的任務、願景、商業模式有怎樣的關聯，而要加以達成是否真的有意義，要時時確認，這是主管該扮演的重要角色。

提高生產性的「OKR」設定要訣

許多日本大企業所做的行為，與剛才我所說的「OKR＝目標設定」這樣的原本目的大相逕庭。

舉例來說，如果是會計的工作，就應該將「我們是會計部的團隊。所以就每天坐在這裡整理經費報告書吧」這樣的程序或任務設定為目標，不是嗎？

OKR並不是為了守護現在所做的工作程序而存在。如果是會計團隊的目標設定，就算原本就已經是這樣，那也一點都不奇怪。

「經費報告書太麻煩了。所以不要用寫的，改在系統上整理會比較好吧。」

「這點子不錯哦。那麼，這一期的團隊OKR，就設定為移除整理經費報告書吧。」

換言之，**OKR應該是從「為了公司利益，要達成什麼目的」這樣的遠大目標，反過來推算思考。**

移除自己團隊的任務，會藉由作業成本的削減，而促成全體利益的增加。所以可說是符合OKR原本目的的目標設定。

將程序或任務設定為目標，無法指望生產性能有飛躍性的提升。

Google有一套「思考如何展現出目前10倍成果」的文化，名為「10X」，所以他們沒有任何一位員工會提出只是稍微提升程序或任務效率的ＯＫＲ。

舉例來說，就算是營業團隊，也不光只是設定季度的營業額目標，像取得新客戶、業務部門的人事計畫這類的加分項目，也要加入ＯＫＲ中。

也就是說，「非創造出新的價值不可」這樣的想法，對營業團隊而言，正是10Ｘ。單純只想到「只要將營業額設為ＯＫＲ就行了」的營業團隊，不可能提高生產性。

大家一起分享「誰達成了什麼目標」

透過第五章介紹的一對一對談，主管掌握了每位成員的工作進展狀況（目標和達成過程），但為了要提高生產性，團員要一起共享，這點很重要。

換言之，A先生做了那件事、B先生做了這件事，成員全部一起分享，這樣的機制和設計有其必要。

Google有各種工具和機制，可讓大家共享誰達成了什麼目標。

例如**「摘要（Snippets）」**。在每週的星期五前，每個人將該週達成的事，以及下週要做的事，以摘要（Snippets、資訊、新聞之類的摘錄）放進所屬團隊主管的文件夾內。主管對它加上團隊的摘要，放進上司的文件內。上司再往更高的層級呈報。最後是由高層的祕書加以編輯，當作「摘要」向全世界所有公司員工分享，就是這樣的一套機制。

大家真的都很仔細閱讀摘要。**因為它能向全世界宣傳團隊或自己的工作情形，所以也具有提高員工工作動機的效果。**

促成有建設性的競爭

摘要同時也具有促成有建設性的競爭這樣的效果。人們會在意其他團隊都在做些什麼工作。

「原來亞太地區的團隊都在做這麼酷的事啊。那我們團隊不能就只是做這種小事。下禮拜我們也要更加努力。」

這種團隊的積極競爭意識，會很自然的萌芽。

因此，像「剛才我在摘要上看到，你們正展開一項很有意思的計畫對吧。我想用20%法則與你們合作，可以告訴我詳情嗎？」像這樣的對話，一直都在全球展開。**拜摘要之賜，出色的團隊周遭自然會有越來越多的跟隨者。**

在 Google 是以「團隊單位」接受評價

以團隊單位接受評價，可說是從氧氣計畫之後便成了 Google 的「文化」。所以才有像摘要這樣的機制。而在團隊中偷懶打混的成員，馬上會得到其他成員的反饋，並報告給主管知情。**說到 Google，或許給人一種完全個人主義外加放任主義的印象，但其實他有很強烈的集團主義色彩。**

就正面的含意來看，Google 員工將自己的人生帶進公司裡。所以尋求以心理安全感為基礎的率直對話，分享自己得到成就感的工作內容，想和其他人合作。

附帶一提，在 Google 裡，帶有政治色彩的人很惹人厭。例如摘要寫得誇大不實，或是貶低其他人的摘要。這種人就算想用20％法則合作，對方也不會讓他參加計畫。那些很快就離開 Google 的人當中，很多都是帶有濃厚政治色彩的人。

能向同儕致敬的「同儕獎金」

Google有個讓人印象深刻的機制，那就是「同儕獎金（Peer Bonus）」。

這是能送獎金給同儕（Peer）的制度，每位員工都有大約一萬五千日圓的裁決權，當你想送獎金給這個人時，隨時能在系統裡輸入對方的名字和原因。這項決定主管非得認同不可，三天內就會自動認可，核發獎金，就是這樣一套機制。

例如因計畫而傷透腦筋時，有同事特地花一天的時間來幫忙，就能撥同儕獎金給對方。如果因對方的幫忙，客人非常高興，就此減低風險，那就值得支付這一萬五千日圓的獎金。

當然了，為了避免一再支付給特定人士的情況發生，一年內能支付的人數和次數都有規定。

需要主管認可這點也有其含意，因為主管在看過申請同儕獎金的郵件後，可以對成員誇獎一句「謝謝你這麼賣力工作」。大家都希望主管能認同自己的努力。

不用說也知道，這樣的機制也有助於提高成員心理安全感。

附帶一提，聽說 Mercari 也採納同儕獎金的機制。

移除個人評價，改為評價計畫

在直接促成以團體為單位展開行動的機制方面，有一套「雙人制度」也很值得推薦。**這是以建構平面組織管理體制為目標的「全體共治（Holacracy）」想法之一，計畫一定會有兩個人負責，並移除個人評價。**評價不是以個人為單位，而是以計畫為單位進行。當然了，這種情況下的OKR，得兩個人都能接受才行，並追求同樣的目標。

我所經營的 Pronoia Group 也引進雙人制度，有事傷腦筋時，很方便互相討論，而且沒辦法打混，所以點子的品質也就此提升。

「報、聯、討」就算做再多也不為過

其實**當初我進Google時，最驚訝的是「他們很重視溝通過度」**。

所謂的溝通不足，是「報（報告）、聯（聯絡）、討（討論）」不足的狀態，而溝通過度，則是指「報、聯、討」做得太多的狀態。

Google的主管每天會收到許多郵件。每個人的摘要、產品的更新、同儕獎金，所有資訊都一起共享，這是他們的機制。

數量之多，想必每個人看了都會大吃一驚。我一開始也一樣，看到那大量的電子郵件，忍不住抱頭心想「這些全部都得處理嗎？」。

當然不是這樣，**他們要求的是自己去判斷需不需要這些資訊，自發性的展開行動。**

簡言之，資訊共享的這些電子郵件，不是要人「著手處理」的工作委託，大部分都是「有這麼一件事，如果你有需要，請展開行動」，類似所謂的報告。

主管要當團隊的傳教士

話雖如此，為什麼溝通過度會形成一套機制呢？

在Google，每個人都會不斷的報告自己做了多少工作。因此，如果你不報告，就很容易讓人忘了你的存在。所以大家都不斷的報告。

當然了，團隊的主管也被要求要過度報告。例如像「我們的團隊這禮拜做了這件事」、「今天發生一件很棒的案例」、「A先生很賣力工作」這類的報告，大家若不先一一拿出來分享，就很容易讓人以為「那傢伙什麼事也沒做」。

在Google，做不到這點的主管，絕得不到好評價。在我習慣之前，常因為忘了向上司報告自己團隊的摘要而挨罵。

也就是說，Google有「主管必須是團隊裡的傳教士」這項文化。

為什麼這樣的文化會如此根深蒂固呢，因為這與建立個人或團隊的品

牌息息相關。

好不容易在工作上有好表現，如果沒和人分享，根本沒人會知道。如果分享，就會有許多人覺得「這太酷了，我也想幫忙」，而自己主動聚集，利用20％法則前來幫忙，這樣有可能會創造出帶來更大影響力的成果。

自己或自己的團隊處於這樣的核心中，當然有助於建立品牌。所以大家都會努力宣傳自己或自己團隊的工作情況。

換言之，妨礙建立品牌，不會對外分享的主管，無法期待他能展現多大的成果。評價會下滑也是理所當然。

附帶一提，20％法則也帶有「能在不同的職場提升自己技能，從事不同工作」的這種訓練功能。

在Google，每個人都常變動。由於組織常會改編，所以工作內容也容易變動，時常被迫得做出選擇，看是要去下一個團隊，還是改做不同的工作。這時候當然得自己做決定才行。

換言之，伴隨著這樣的組織改編，選擇性也跟著變廣，20％法則也在背後幫了不少忙。

主管是以團隊成員的成果來接受評價

說來也很理所當然，如果拿不出實際帶來重大影響的成果，就算想向眾人報告，也做不到。

不過，**主管的角色不是自己展現成果，自始至終，主管都是為了將團隊的成果引至最大極限，而做出「判斷」**。

所以我在Google的時代，都拜託自己的團隊成員「請千萬不要兩手空空的問我該怎麼做才好」。

如果不是像「請告訴我是這個好，還是那個好」或是「我擬了一個草案，請看一下。重點在這裡」這樣，先有一個基本原案，主管無法做判斷，也無法做出有助於建立成員或團隊品牌的宣傳。

像這樣的「溝通規則」，也可說是團隊所需要的機制之一。

只要增加與其他團隊的連接點，「意外發現」也會隨之增加

在Google，與**意外發現（Serendipity）**有關的機制也令人印象深刻。簡單來說，Google這家公司的文化是「自發性的從事了不起的事」。大家時時都在思考「什麼是了不起的事？在哪裡？」，不斷的探尋。所以會盡可能與超出自己工作領域或職務的人們接觸，也就是重視意外發現。**因為就算在自己所屬的縱向範圍內的人們，或是與自己同層級的人們往來，發現「意想不到、了不起的事物」的可能性卻是近乎零。**

就這層意涵來看，每個星期五舉行，能直接向社長提問的全體會議「TGIF」，也可說是促成意外發現的機制。

此外，辦公室的配置，也是促成意外發現的機制。舉例來說，每個團隊都能照自己喜歡來安排辦公桌的擺放位置，這也算是其中之一。

如果面對面工作比較好，就面對面擺設，要是覺得每個人專注在自己工作上比較好，就採放射狀背對背擺設。有的是設置能站著工作的空間，有的打造出能夠供人獨處的個別室包廂，有的則是在正中央擺一張能供大家一起腦力激盪的桌子，隨著團隊不同，而有不同的差異。

簡言之，有多少團隊，就有多少「社群」，就像這種氣氛。就算只是朝其他團隊偷看一眼，也能期待會有「意外發現」。

而在每個樓層中央會設置「微型廚房」。裡頭擺放點心和飲品，大家都能去拿取，但有趣的是，前往廚房的通道相當狹窄……

為什麼刻意安排得如此狹窄呢？其實是為了讓人們擦身而過時，容易產生碰撞。碰撞後，就會展開「意外的對話」。這種偶然的相遇，或許能成為契機，產生某個了不起的成果。當然了，如果是萌生戀情，那也很了不起，不是嗎。

我認為微型廚房狹窄的出入口，這種呈現方式讓人很容易了解 Google 意外發現的文化。

逐漸減少自己現在的工作，是主管的工作

是為了什麼目的，而為人、科技、程序建立一套機制呢？簡單來說，為的是就算自己不在這裡，工作一樣能運作。換言之，是為了減少自己現在的工作，好從事不同的工作。

就這層意涵來看，日本式的球員兼教練主管，應該逐漸將自己的工作交付給部下才對。我還希望他們能留意讓自己多增加一些高出自己目前水準的工作。

如果覺得「麻煩」或是「無聊」，那就更該這麼做。**不是自己來做，而是讓不同的人來做，這樣比較有建設性吧。自己只要改換到不同的職場去就行了。**

在公司外仍有一大片戰場

不過遺憾的是，無法採取這種工作方式的公司也不少。因為在日本無法真正進行「組織開發」的公司，似乎至今仍相當多（前一章介紹的案例「老菁英」，就能充分證明這點）。但我還是希望大家身為團隊的代表，一定要和上司們對抗，一步步加以實現。

在前一章提到「經營判斷的核心是影響和成長」。如果是視此為第一要務的上司，只要抱持驕傲對上司說「我想將團隊打造成這樣」、「我希望自己採取這樣的工作方式」，加以說服，應該會行得通才對。如果經過一再對抗，上司們的判斷還是堅持不變的話，那就請辭職離開吧。

絕對不要害怕。因為能充分發揮你技能和潛力的環境，全世界多的是。

在社會主義國家波蘭的鄉間村落出生長大的我，都能平安無事的走到今天了，身為日本商務人士的你，怎麼可能會辦不到呢。

後記——

別忘了重新評估日本才有的特殊做法！

我在日本工作至今，已有十八個年頭，不過，身為外國人的我，覺得日本企業的有趣之處，在於他們決定最重要的事情，往往都是在晚上六點以後的酒局中。不光如此，還會聊到員工抱持的煩惱及今後的資歷等這一類根本性的話題，有時這也會成為宣洩壓力的場合。

站在其他國家的角度來看，會覺得這是很少見的文化（這是就我個人經驗來說）。在國外，大部分人時間一到或是忙完工作，就會返家，而且他們都是搭車通勤，所以沒辦法「回家時順道喝一杯」。

許多外資企業對於和部下面談一事，會訂立瑣細的規則。例如一週一次，一定會針對現狀有進展的工作展開討論，或是幾個月一次，一定會談到整體資歷的事，當作是指導。

而在日本，這類的事可能在「喝酒交流」的過程中就已經被吸收了。與喝酒交流有點類似的，應該就屬我在第五章介紹過的 Google 所施行的 TGIF 吧。TGIF 是每個星期五下午，在 Google 總公司舉辦的全公司會議，會中備有酒食，參加者之間會率直的針對議題展開討論。對社長或幹部所做的簡報，也能率直的提出問題。

除此之外，Google 裡還有許多可向幹部提問的制度，以及像社團活動這種培育工作之外人際關係的場合。而在日本企業中，像 Recruit 控股公司的常務執行董事北村吉弘先生，就在公司內呼籲「Stay young（保有年輕的想法）」，至今仍對社團活動的活性化投注心力。

像這種場合，並不光只會讓「資訊傳達暢通」，對生產性也會帶來重大影響。因為這對於本書一再說明的「心理安全感」，也會發揮提高的功能。

說來遺憾，現在因為成本、法規遵守等問題，以及個人意識的變化，「喝酒交流」的場子也隨之減少。話說回來，因為有很多企業不像外資企業那樣擁有「反饋」的機制，所以上司與部下間的距離感出奇的遠，這一部分會造成公司整體決策延遲以及生產性低落。

在Google、Apple、Amazon，不論是公司風氣、工作方式，還是追尋的目標，全都不一樣。所以每家公司的做法也都互異。我在日本拜訪過各種公司，很多公司都讓我覺得很有意思、很了不起，但感覺他們往往不是自己沒察覺，便是沒自信，真的很可惜。

雖然「喝酒交流」和「員工運動會」不見得就是標準答案，但我希望各位能對自己不錯的做法再次展開重新評估。如果團隊能就此產生團結感，那就有再次投注心力的價值。

如果您看完本書後覺得有興趣，進而造訪我的臉書（Piotr Feliks Grzywacz）、推特（@piotrgrzywacz）、個人網站（www.piotrgrzywacz.com），以及我經營的Motify公司網站所發布的部落格或Podcast（www.motify.work/batteries），那將是我的榮幸。今後我正計畫出書，書名暫訂為《矽谷流的沉潛》。

讓我們一起改變日本公司，以及整個世界吧。

最後在此感謝本書的編輯喜多豐先生以及高橋和彥先生，沒有你們的鼎力相助，這本書無法問世。

此外還有青木千惠小姐、池原真佐子小姐、坂本愛小姐、世羅侑未小姐、鶴田英司先生、殿岡弘江小姐、平原依文小姐、星野珠枝小姐、細見純子小姐、丸山咲小姐，藉這個機會向各位致上我的感謝之情。

彼優特・菲利克斯・吉瓦奇

二〇一八年七月

國家圖書館出版品預行編目資料

Google 如何打造世界最棒的團隊？：用最少的人，創造最大的成果！ / 彼優特・菲利克斯・吉瓦奇作；高詹燦譯. -- 初版. -- 臺北市：平安文化，2020.04 面； 公分. --（平安叢書；第 652 種）（邁向成功；79）
譯自：世界最高のチーム—グーグル流「最少の人数」で「最大の成果」を生み出す方法
ISBN 978-957-9314-53-4（平裝）

1. 企業經營 2. 組織管理

494 109002364

平安叢書第 652 種
邁向成功叢書 79

Google如何打造世界最棒的團隊？

用最少的人，創造最大的成果！

世界最高のチーム—グーグル流「最少の人数」で「最大の成果」を生み出す方法

SEKAI SAIKOU TEAM -- GOOGLE-RYU "SAISHOU NO NINZUU" DE "SAIDAI NO SEIKA" WO UMIDASU HOUHOU
BY Piotr Feliks Grzywacz

作　　者—彼優特・菲利克斯・吉瓦奇
譯　　者—高詹燦
發 行 人—平雲
出版發行—平安文化有限公司
台北市敦化北路 120 巷 50 號
電話◎ 02-27168888
郵撥帳號◎ 18420815 號
皇冠出版社（香港）有限公司
香港上環文咸東街 50 號寶恒商業中心
23 樓 2301-3 室
電話◎ 2529-1778　傳真◎ 2527-0904
總 編 輯—龔橞甄
責任編輯—蔡維鋼
美術設計—王瓊瑤
著作完成日期— 2018 年
初版一刷日期— 2020 年 04 月

讀者服務傳真專線◎02-27150507
電腦編號◎368079
ISBN◎978-957-9314-53-4
Printed in Taiwan
本書定價◎新台幣 320 元 / 港幣 107 元